Анастасия Сидорова
Наталия Калинкина

Инвазия байкальской амфиподы Gmelinoides fasciatus в Онежское озеро

Анастасия Сидорова
Наталия Калинкина

Инвазия байкальской амфиподы Gmelinoides fasciatus в Онежское озеро

Сезонная динамика популяционных показателей

LAP LAMBERT Academic Publishing

Impressum / Выходные данные
Bibliografische Information der Deutschen Nationalbibliothek: Die Deutsche Nationalbibliothek verzeichnet diese Publikation in der Deutschen Nationalbibliografie; detaillierte bibliografische Daten sind im Internet über http://dnb.d-nb.de abrufbar.
Alle in diesem Buch genannten Marken und Produktnamen unterliegen warenzeichen-, marken- oder patentrechtlichem Schutz bzw. sind Warenzeichen oder eingetragene Warenzeichen der jeweiligen Inhaber. Die Wiedergabe von Marken, Produktnamen, Gebrauchsnamen, Handelsnamen, Warenbezeichnungen u.s.w. in diesem Werk berechtigt auch ohne besondere Kennzeichnung nicht zu der Annahme, dass solche Namen im Sinne der Warenzeichen- und Markenschutzgesetzgebung als frei zu betrachten wären und daher von jedermann benutzt werden dürften.

Библиографическая информация, изданная Немецкой Национальной Библиотекой. Немецкая Национальная Библиотека включает данную публикацию в Немецкий Книжный Каталог; с подробными библиографическими данными можно ознакомиться в Интернете по адресу http://dnb.d-nb.de.
Любые названия марок и брендов, упомянутые в этой книге, принадлежат торговой марке, бренду или запатентованы и являются брендами соответствующих правообладателей. Использование названий брендов, названий товаров, торговых марок, описаний товаров, общих имён, и т.д. даже без точного упоминания в этой работе не является основанием того, что данные названия можно считать незарегистрированными под каким-либо брендом и не защищены законом о брендах и их можно использовать всем без ограничений.

Coverbild / Изображение на обложке предоставлено: www.ingimage.com

Verlag / Издатель:
LAP LAMBERT Academic Publishing
ist ein Imprint der / является торговой маркой
OmniScriptum GmbH & Co. KG
Heinrich-Böcking-Str. 6-8, 66121 Saarbrücken, Deutschland / Германия
Email / электронная почта: info@lap-publishing.com

Herstellung: siehe letzte Seite /
Напечатано: см. последнюю страницу
ISBN: 978-3-659-59775-6

Zugl. / Утверд.: Петрозаводск, Петрозаводский Государственный Университет, 2013

Оглавление

Введение

Вселение чужеродных видов в водные экосистемы представляет собой глобальный фактор, охвативший своим влиянием практически все континенты [23; 104; 118].

В последние десятилетия отмечается много негативных примеров воздействия видов-вселенцев на экосистемы водоемов-реципиентов. Одним из наиболее ярких примеров биоинвазии является вселение в Великие американские озера моллюска дрейссены *Dreissena polymorpha*, в результате чего в водоемах коренным образом изменились структура бентоса и планктона, нарушились условия питания многих видов рыб [101; 114]

В последнее время масштабы антропогенного распространения видов-вселенцев приобрели резко выраженный характер, увеличились темпы этих процессов. В России эта проблема стала весьма актуальной в связи с проведением акклиматизационных работ по внедрению водных беспозвоночных в различные водоемы. В 1960-1970-ых годах проводились активные работы по обогащению водоемов видами байкальского и каспийского происхождения с целью увеличения кормовой базы рыб [7; 35; 36].

В 1960-ых годах амфиподу *Gmelinoides fasciatus* (Stebbing 1899) из оз. Байкал в массовых количествах перевозили в западные регионы России. Обитание этого рачка приурочено к литоральной зоне озер. Распространение вида *G. fasciatus* в западном регионе России происходило в два этапа: в 1962-1965 гг. *G. fasciatus* был заселен в р. Волга (Горьковское водохранилище) [28]; в 1970-х гг. – в ряд озер Карельского перешейка. Впоследствии этот вид стал спонтанно стал заселять другие водоемы Северо-западного региона России; в 1996 году вид был обнаружен в литоральной зоне Ладожского озера [5; 48; 65; 103]; в 2001 году *G. fasciatus* был найден на литорали западного берега Онежского озера [13]. К 2006 году байкальский вид был встречен практически на всей литорали Онежского озера [39; 51; 67; 72; 75; 76]. При этом оказалось, что в различных биотопах его численность сильно варьирует – от 1,22 до 18,79 тыс. экз./м^2 [51]. Причины столь сильной изменчивости пространственного распределения популяции вселенца были неизвестны. Кроме того, неизученными оставались сезонная динамика численности и биомассы, характер размножения, пространственное распределение, продукционные характеристики вселенца *G. fasciatus* на литоральной зоне Онежского озера, входит ли новый вид в спектр питания рыб.

Вид *G. fasciatus* обитает в прибрежье и испытывает воздействие разнообразных загрязняющих веществ, поступающих с водосборной территории. В связи с этим особенный интерес представляет изучение реакции вида *G. fasciatus* на антропогенное воздействие – влияние ливневых стоков, поступающих на побережье Петрозаводской губы в зоне расположения города Петрозаводска (столицы Республики Карелия).

В связи с вышеизложенным цель настоящей работы заключалась в исследовании сезонной динамики популяционных показателей и пространственного распределения байкальского вселенца *Gmelinoides fasciatus* в Петрозаводской губе Онежском озере в условиях влияния природных и антропогенных факторов, а также изучение роли вида в питании рыб[1].

Благодарности. Авторы выражают глубокую благодарность Н.А. Березиной (Зоологический институт РАН) и Т.Н. Поляковой (Институт водных проблем Севера КарНЦ РАН) за всестороннюю помощь и консультации при написании данной работы.

---

[1] Работа выполнена в Институте водных проблем Севера Карельского научного центра РАН

Часть 1. Пути расселения байкальской амфиподы *Gmelinoides fasciatus* и расширение его ареала

Амфипода *Gmelinoides fasciatus* – байкальский субэндемик [88], единственный вид рода байкальского происхождения. До начала 1960-х гг. ареал этого вида был ограничен бассейнами сибирских рек: Ангара, Баргузин, Иртыш, Лена, Пясина, Тунгуска, Селенга, Енисей [9].

По данным Д.В. Матафонова и соавторов [55], в естественных условиях *G. fasciatus* населяет прибрежную полосу Байкала, малые озера на берегах оз. Байкал: Нур, Курминское, Мужинайские, Снежное, Гусихинский пруд (в нижней части Баргузинской долины, вблизи р. Малая Гусиха – притока р. Баргузин); оз. Котогель и др.; в устьях притоков Байкала – р. Култучная, Маритуйка, Подкаменная, ручей из скважины Котельниковского горячего источника (Северный Байкал), приустьевые участки р. Рель и Фролиха (до 0,2-0,3 км от оз. Байкал), Давша, Большая, Езовка, Сосновка, Мишиха; в притоках Байкала – р. Кичера. Вид *G. fasciatus* обнаружен также в русле р. Верхняя Ангара, р. Большой Чивыркуй, р. Баргузин, р. Селенга, р. Ангара от истока до устья (Иркутское, Братское, Усть-Илимское водохранилища), р. Енисей, р. Пясина и Гыда; оз. Налимье, находящееся на междуречье р. Енисея и Таза.

В оз. Байкал рачок *G. fasciatus* распространен повсеместно в области мелководья, среди камней, растительности и на песке; попадается, но крайне редко, до глубины 100 м. Особенно обилен в сорах и заливах на песках и илах с детритом и растениями [7; 47]. Перечисление местонахождений вида говорит о его значительной эврибионтности – это обитатель текучих [83; 112] и стоячих водоемов самого разнообразного типа от олиготрофных холодных до мелководных, хорошо прогревающихся водоемов, с некоторым дефицитом кислорода зимой. По своему поведению *G. fasciatus* относится к нектобентической форме: часто его можно видеть плавающим у дна или в толще воды, однако он способен быстро закапываться в грунт. Среди камней и растений рачок прячется, удерживаясь за них своими цепкими конечностями. Показатели численности вида *G. fasciatus* могут достигать 10-20 тыс. экз./м^2 во время нереста и массового выхода молоди [7].

В 1960-1970-ых годах начались работы по интродукции вида *G. fasciatus* в различные водоёмы России с целою улучшения их кормовой базы. В последние 50 лет вид *G. fasciatus* постоянно расширяет свой современный ареал, продвигаясь из мест вселения вверх и вниз по течению водотоков [14; 59; 65; 78; 97; 106; 108; 117].

В 1964-1979-ых годах *G. fasciatus* был интродуцирован в Новосибирское водохранилище (р. Обь) [17; 18], где на сегодняшнее время в отмечается в пробах [93]. В 1967-1969 годы рачок был намеренно перенесен в Бухтарминское водохранилище, в 1972 г. – в Усть-Каменогорское водохранилище, а из него расселился в р. Иртыш на 50 км ниже Усть-Каменогорска. В 1968-1971 годах вид был вселен в Красноярское водохранилище, из которого он спустился в р. Енисей от платины и ниже, где сосуществует или слился с аборигенной популяцией этого же вида. В 1973-1976 годах рачок был вселен в Ириклинское водохранилище (р. Урал) [55].

Амфипода *G. fasciatus* распространяется также и на восток от оз. Байкал. В 1988 г. рачок был обнаружен в оз. Гусиное (бассейн р. Селенги) [109]; в 1989 году – в оз. Большое Еравное (в вершине притока р. Витим, принадлежащего к бассейну р. Лены), в 1995 г. – в оз. Арахлей, в 1998-1999 г. – он был найден в оз. Шакшинское, Бол. Ундурун и Иргень, относящихся к бассейну р. Хилок, а в 2001 г. – в последнем водоеме Ивано-Арахлейской системы – в оз. Тасей (бассейн р. Витим). Точная дата появления в оз. Кенон амфиподы *Gmelinoides fasciatus* и пути его проникновения в экосистему этого водоема не известны. Вероятно, инвазия произошла не позднее 2002 г. [55], либо в 1999 г., когда он был обнаружен в партии выпускаемых в оз. Арахлей осетров, привезенных из садкового хозяйства на оз. Кенон [4].

В 1960-ых годах были начаты работы по акклиматизации вида *G. fasciatus* в водоемы западных регионов России. В 1962-1965-ых годах этот вид был интродуцирован в Горьковское водохранилище (р. Волга) [28], к 1969 году рачок освоил всю озерную часть водохранилища, численность рачка достигала 15000 экз./м^2 [106]. Затем, в 1986 году, амфипода проникла выше по течению в Рыбинское водохранилище и расселилась в нем, достигнув в 1988 году района г. Череповца, где численность бокоплава составила 6800 экз./м^2, при биомассе – 19,8 г/м^2 [55; 78; 106]. Рачок продолжал расселяться вверх по р. Волга и Шексна. В 1994-1995-ых годах он был зарегистрирован в речной сети Шекснинского водохранилища и южной части оз. Белого, в 1992 году был обнаружен в Иваньковском водохранилище, а к 1997 г. заселил его (верховье р. Волги) [91]. Расселение бокоплава осуществлялось не только вверх, но и вниз по р. Волге. В 1977 году рачок *G. fasciatus* зарегистрирован в верхней части Куйбышевского водохранилища [16; 27], где встречается по настоящее время [92]. В 2006 году *G. fasciatus* байкальская амфипода зарегистрирована в реке Волга в черте города Тверь [112].

В 1968 г. рачок *G. fasciatus* был вселен в Озернинское водохранилище (Подмосковье) [55]. В 1970-1975-ых годах *G. fasciatus* был случайно завезен вместе с *Gammarus lacustris* Sars в оз. Псковско-Чудское, где был идентифицирован только в 1986 г. [115; 116]. Согласно Panov V. E. et al. [108], *G. fasciatus* был найден на литорали побережья и в реке Нарва.

В 1971-1975-ых годах этот вид был вселен в озера Ленинградской области: Отрадное, Правдинское, Воробьево и др. [55]. В озере Отрадном интродукция дала положительные результаты. Произошло быстрое нарастание численности рачков в водоеме. С начала преднамеренного выпуска за 4 года численность составила от 26 до 692 экз./м^2 [59]. В 1973-1981 гг. *G. fasciatus* был вселен в оз. Ильмень [55].

Из озер Карельского перешейка *G. fasciatus* проник в крупнейший водоем Европы – Ладожское озеро, где был зарегистрирован в 1988-1990-ых годах на северной и западной литорали губы Петрокрепость [65; 103]. В данном водоеме этот вид встречается в основном на глубинах до 1 м, как и во многих озерах, в зарослях высшей водной растительности и на каменистой прибойной литорали. В зарослях элеохариса биомасса достигала максимальных показателей – около 160 г/м^2, при численности – 53,8 тыс. экз./м^2. По данным В.Е. Панова [65], Д.В. Баркова [5] и Т.Д. Слепухиной и соавторов [79], вид-вселенец практически полностью вытеснил аборигенный вид *Gammarus lacustris* Sars, обильный ранее в Ладожском озере в 1960-ых годах. Похожая ситуация была отмечена в Псковско-Чудском озере [108]. В более поздних исследованиях этого водоема был зарегистрирован еще один вид-вселенец *Chelicorophium curvispinum* в Волховской губе Ладожского озера, который в 2007 или 2008 годах проник и успешно натурализовался в новом местообитании [50]. Было обнаружено, что на одной из станций плотность популяции *G. fasciatus* сократилась почти в 2 раза, в то время как численность *C. curvispinum* была достаточно высока (1312 экз./м^2). Таким образом, новый вид-вселенец начинает теснить доминирующего ранее в этом биотопе *G. fasciatus*.

За короткое время байкальская амфипода *G. fasciatus* распространилась на запад (эстуарий Невы) и на восток (Онежское озеро). Вселение амфипод байкальского происхождении в Финский залив могло произойти естественным путем из оз. Ладожского и озер Карельского перешейка [97]. В пресноводной части Невской губы *G. fasciatus* был впервые обнаружен в 1996 году [5]. В 1999 году амфипода была обнаружена в олигогалинном эстуарии Невы, где рачок впервые зарегистрирован в солоноватых водах [94]. В настоящее время этот вид стал обычным видом [11; 102; 105], встречающимся в разных местах обитания, в том числе, в самой восточной части Финского залива с соленостью 0,05-2,00 ‰ [95; 97; 98; 107]. В данной экосистеме зафиксирована максимальная плодовитость *G. fasciatus* – до 46 яиц/самку [12]. Он стал обычным обитателем залива, вносящим существенный вклад в биомассу прибрежного зообентоса. Западная граница распространения проходит в юго-западной части залива, Лужской губы (отмечается с 2004 г.). К настоящему времени, он сформировал многочисленную популяцию в устье р. Луги; корни этой популяции, по-видимому, происходят из бассейна р. Нарвы и Нарвского залива, где *G. fasciatus* отмечен как многочисленный представитель уже с середины 1990-ых годов [108], или из эстуария р. Невы, принесенный с балластными водами судов [9].

Вид *G. fasciatus* встречается и водоёмах Вологодской области. По данным К. Ф. Ивичевой [33], за время гидробиологических исследований Волго-Балтийского водного пути в период 2009 – 2011годов на всем его протяжении был обнаружен *G. fasciatus*. В течение 1990-2000-ых годов в озере Белом численность рачка *G. fasciatus* повышалась [99]. В нижнем течении реки Шексны в 2010 году на субстратах, включающих крупную гальку, в значительном количестве обнаружен бокоплав *Gmelinoides fasciatus* [32]. К настоящему времени на территории Вологодской области находки *G. fasciatus* отмечены как в притоках водоемов Волго-Балтийской водной системы, так и за ее пределами. Этот вид амфипод обнаружен в Топорненском канале и Сиверском озере, которые являются частью Северо-Двинской водной системы, но в то же время, соединяются в районе местечка Топорня с Волго-Балтийской водной системой. Летом 2010 г. также была сделана находка *G. fasciatus* в реке Сухона, где он отмечался и ранее другими исследователями [88]. В 2011 году байкальская амфипода *G. fasciatus* была впервые найдена в озере Воже [33].

В 2001 году *G. fasciatus* был впервые обнаружен на западном побережье Онежского озера [13]. Наблюдения последних лет показали, что инвазия *G. fasciatus* наблюдается практически на всей литорали Онежского озера. В 2006-2009ых годах впервые бокоплав *G. fasciatus* обнаружен в Кефтень-губе

Онежского озера [75; 76]. Лишь прибрежные участки в Уницкой и Лижемской губах практически не подвержены его нашествию [38; 51; 67]. Существует несколько мнений о пути проникновения байкальского бокоплава в Онежское озеро. Н.А. Березина и В.Е. Панов [13] считают, что вселение *G. fasciatus* в Онежское озеро могло произойти через р. Свирь из Ладожского озера или из оз. Белого по Волго-Балтийскому каналу. Согласно точке зрения З.С. Кауфмана [42], амфипода проникла из бассейна Верхней Волги по Волго-Балтийскому каналу. В настоящее время донные сообщества литоральной зоны Онежского озера претерпевают значительные преобразования в результате инвазии бокоплава байкальского происхождения *Gmelinoides fasciatus* [38; 39; 40; 84], который распространился практически по всему озеру и является массовым видом в прибрежном мелководье.

В настоящей работе впервые рассмотрена сезонная динамика, размерно-возрастной состав, половая структура, а также особенности размножения и продукционные показатели популяции *Gmelinoides fasciatus* на литорали Петрозаводской губы Онежского озера. Пространственное распределение вселенца изучали на различных типах биотопов: песчано-каменистая затишная литораль с зарослями макрофитов и каменистая литораль прибойного типа. Особое внимание было уделено изучению влияния антропогенного фактора на популяцию вселенца, обитающую на литорали в черте г. Петрозаводска. Специальные исследования были выполнены для изучения роли *Gmelinoides fasciatus* в питания молоди окуня в литоральной зоне Онежского озера.

Часть 2. Характеристика района отбора проб и методов исследований

2.1. Краткая физико-географическая характеристика Онежского озера

Онежское озеро представляет собой северную границу ареала распространения байкальской амфиподы *Gmelinoides fasciatus* на северо-западе России. Изучение биологии и экологии байкальского рачка в Онежском озере позволяет проследить процессы акклиматизации вида-вселенца к условиям, существенно отличающимся от исходного водоема – озера Байкал.

Онежское озеро расположено в зоне Европейского севера России и является вторым по величине пресноводным озером Европы. В естественном состоянии площадь зеркала составляла 9720 км², из которых 250 км² приходилось на 1500 островов. Площадь водосборного бассейна Онежского озера составляет 53100 км², без площади озера. После строительства в 1953 г. Верхне-Свирской гидроэлектростанции (на р. Свири) озеро стало водохранилищем и его водосборная площадь увеличилась до 57300 км², а площадь водохранилища (включая Ивинский разлив) – до 9840 км². Уровень поднялся на 30 см по сравнению естественным [60].

Протяженность озера с севера на юг составляет 248 км, с запада на восток – 96 км. Объем водной массы озера достигает 295 км³, средняя глубина – 30 м, максимальная – 120 м. Длина береговой линии составляет 1810 км, изрезанность береговой линии – 5,12 [60].

Котловина Онежского озера расположена в краевой части Балтийского щита на границе с Русской плитой, в области с крайне сложным тектоническим строением, выражающимся в положении друг от друга разных по возрасту и строению тектонических структур [15]. Особенностью озера является наличие в его северной части большого количества губ и заливов, достаточно изолированных от основной массы, на побережье которых расположены крупные промышленные центры и населенные пункты. К этому району озера приурочены максимальные глубины и впадины глубже 80 м. Центральный и, особенно, Южный районы имеют сравнительно ровный рельеф дна со средними глубинами около 30 м [73].

Бассейн сложен труднорастворимыми архейско-протерозойскими породами, поэтому минерализация вод притоков и самого озера очень низкая – 37 мг/л, что в 1,5 ниже, чем минерализация воды Ладожского озера [60]. Онежское озеро является одним из наименее минерализованных озер мира [61]. Состав воды Онежского озера представлен в таблице 1.

Таблица 1. Среднемноголетний состав воды Онежского озера, мг/л [60].

Ca^{2+}	Mg^{2+}	Na^+	K^+	HCO_3^-	SO_4^{2-}	Cl^-	NO_3^-	Сумма ионов
5,2	2,3	2,2	0,7	19,0	4,5	1,8	0,9	36,6

Водную сеть бассейна образуют 6765 рек общей длиной 22741 км и 9516 озер общей площадью 13441 км², составляющей 21% от общей площади водосбора. Из водотоков 95% их количества (6422) и 65 % длины (14798 км) приходится на самые малые, длиной менее 10 км. Коэффициент густоты речной сети составляет 0,44, причем его значение в северной части значительно выше, чем в южной [90]. В озеро впадают 52 реки длиной более 10 км и порядка тысячи малых речек и ручьев. Главные притоки – река Водла (4,36 км³/год), река Шуя (3,1 км³/год) и река Суна (2,5 км³/год). Вытекает из озера река Свирь, впадающая в Ладожское озеро [52; 60; 73].

Климатический режим района Онежского озера можно охарактеризовать как переходный от морского к континентальному, по условиям образования он принадлежит к атлантико-арктической зоне умеренного пояса. Среднегодовая температура воздуха составляет +2,0….+2,5˚С, средняя температура июля

+15,5...+16,5°С, января – -11,0...-12.0°С. В весенне-летний период (апрель-июль) наиболее низкие температуры воздуха наблюдаются над центром озера, в сентябре - декабре, напротив, над этой частью удерживаются самые высокие температуры. Безморозный период на островах в среднем длится 135 дней, в то время как на берегу з районе г. Петрозаводска он равен 126 дням [60; 61].

Онежское озеро относится к крупным холодноводным водоемам умеренной зоны и дважды в год – весной и осенью – интенсивно перемешивается от поверхности до дна [80]. Озеро в течение 6-6,5 месяцев – с декабря (иногда с января) до середины мая - покрыто льдом. Весной (май-июнь) и осенью (октябрь) образуется термобар, отделяющий более прогретые весной и более охлажденные осенью воды мелководной зоны от глубоководной части озера. Летом образуется вертикальная термическая стратификация [61].

Литораль или прибрежная зона (с глубинами до 10 м) занимает 1841 км ^{2} (19%) площади Онежского озера [60].

2.2. Расположение станций исследования макрозообентоса на литорали Петрозаводской губы Онежского озера и методы отбора проб

Петрозаводская губа – один из наиболее крупных заливов Онежского озера, составляющий 1,3 % площади озера [74]. Длина ее составляет 19 км, средняя ширина – 7, площадь водной поверхности около 125 км^2, средняя глубина – 18,2 м [53]. К литоральной зоне относится 20,8 % от общей площади Петрозаводской губы, она представляет собой участок шириной в 400-450 м, со сравнительно большими уклонами дна (0,022 м/км), равномерно тянущийся вдоль всей береговой линии [43]. На западном берегу Петрозаводской губы располагается крупный населенный пункт – г. Петрозаводск (столица Республики Карелия), численность населения которого составляет около 260000 человек.

В 2010 году на литорали Петрозаводской губы было организовано наблюдение за сезонной динамикой показателей *Gmelinoides fasciatus* на трех станциях: П1 (песчано-каменистая затишная литораль с зарослями макрофитов), П2 (каменистая литораль прибойного типа) и П3 (песчано-каменистая литораль, испытывающая антропогенное воздействие) (рис. 1). С учетом характера распределения вида *G. fasciatus* по глубине станции наблюдения в Петрозаводской губе были приурочены к глубине 0.4 м, где численность рачков максимальная [77].

Рис. 1. Схема расположения станций наблюдения в Петрозаводской губе Онежского озера.

С использованием электронного термометра в местах отбора проб измерялась температура воды. Диапазон изменения средней температуры воды для трех станций в литоральной зоне в Петрозаводской губе в 2010 году представлен в таблице 2.

Сумму градусо-дней считали по следующему алгоритму: умножали значение температуры в день наблюдения на количество дней между смежными отборами проб (10 суток); суммировали полученные произведения за период наблюдения.

Таблица 2. Температура воды (°C) и сумма градусо-дней в Петрозаводской губе в 2010 г. (средняя для трех станций)

Месяц	Дата отбора проб	t°C воды на станциях	t°C воды (средняя за месяц)	Сумма гр.-дн.
Май	21.05.	3,9	6,6	204,9
	31.05.	9,3		
Июнь	10.06.	11,3	13,9	416,7
	20.06.	13,9		
	30.06.	16,4		
Июль	10.07.	22,6	22,3	690,0
	20.07.	21,2		
	30.07.	23,0		
Август	09.08.	21,1	16,8	521,3
	19.08.	15,3		
	29.08.	14,0		
Сентябрь	08.09.	12,6	11,2	335,6
	18.09.	11,0		
	28.09.	10,0		
Октябрь	08.10.	5,7	5,7	175,7

Гидробиологический материал собирали в период с конца мая по начало октября каждые 10 дней на каждой станции синхронно. Пробы отбирали в трех повторностях. Всего было собрано 135 проб бентоса, на каждой станции по 45 проб.

Отбор и обработку проб осуществляли в соответствии с руководствами по сбору пресноводного бентоса [57]. Для отбора проб бентоса использовали трубчатый металлический пробоотборник Панова-Павлова площадью захвата 0,07 м^2 и высотой 0,45 м [56; 66]. Цилиндр опускали на дно и вращательными движениями заглубляли в грунт на 5 - 7 см, таким образом, чтобы верхний край цилиндра находился над поверхностью воды. Ограниченный цилиндром объём воды взмучивался и тщательно в течение нескольких минут облавливался сачком. Периодически содержимое сачка переносили в емкость с водой. Затем осматривались камни и растения, находящиеся на дне в зоне, ограниченной цилиндром. Животных с камней и растений также переносили в пробу. Сборы проводились на глубине до 0.4 м из 3 точек, находящихся друг от друга на расстоянии примерно 5 метров. Предварительные исследования показали, что наибольшая численность и биомасса рачков *G. fasciatus* наблюдается именно на глубине до 0.4 м [77].

Организмы переносились в пластиковую тару (объёмом 250 мл), консервировались 4%-ным формалином и снабжались этикеткой. Разобранная проба сортировалась по систематическим группам до семейств, с использованием определителей М.В. Чертопруда и Е.С. Чертопруда [89], Определитель пресноводных…, [62], Определитель пресноводных…, [63], Горностаев, Левушкин [22], Горностаев [21], Хейсин [87], Корнюшин, [45], Мирам [58], Попова [68], Фауна СССР…, [85], Фауна СССР [86], Определитель пресноводных [64].

Выполняли анализ стадий эмбрионального развития яиц рачка по классификации P. Weygoldt, A. Skadsheim [110]. Первая стадия: недавно отложенные яйца, могут быть окружены гиалиновой оболочкой; 2 стадия: гиалиновые мембраны исчезли, яйцо однородное, мембраны плотно сели вокруг клеточной массы; 3 стадия: появляется вентральная щель; 4 стадия: видны зачатки конечностей; 5 стадия: пищеварительная система содержит желтые пигментные клетки; 6 стадия: видны цефалоторакс, глаза, конечности, сегментация; 7 стадия: вымет свободной молоди.

Ориентировочную величину продукции рассчитывали физиологическим методом. Для расчета скорости потребления кислорода (СПК) применили уравнение, которое было рассчитано для вида *G. fasciatus* в условиях Ладожского озера [5; 6]:

$Q = 0.299 W_i^{0.764}$,

где Q – СПК, млO_2 *экз$^{-1}$*час$^{-1}$; W_i – масса особей, г.

Траты на обменные процессы популяции (R) и ориентировочную продукцию популяции (P) определили по стандартной методике [57].

$P = R \cdot K_2 / (1 - K_2)$,

где P - продукция популяции, кал/м^{2}сут; R – траты на обмен, кал/м^{2}сут; K_2 – эффективность использования ассимилированной пищи на рост. В расчетах K_2 варьировал от 0,15 до 0,19 в зависимости от месяца [6; 49].

Интегральную продукцию *G. fasciatus* за период исследования вычисляли методом суммирования площадей трапеций [70].

$P(t_0, t_n) = 1/2 \sum (P_n + P_{n-1})(t_n - t_{n-1})$,

где $P(t_0, t_n)$ – интегральная продукция за данный период (t_0, t_n), кал/м^2; P_n - продукция в момент времени t_n, кал/м^2, P_{n-1} – продукция в предшествующий момент времени t_{n-1}, кал/м^2.

2.3. Методы экспериментальных исследований

Литоральная зона Петрозаводской губы, находящаяся в черте города Петрозаводска, испытывает интенсивное антропогенное воздействие. По данным А. В. Сабылиной [73], источниками загрязнения Петрозаводской губы являются три притока – р. Шуя, р. Лососинка, р. Неглинка, сточные воды г.

Петрозаводска, ливневый сток, выбросы в атмосферу от промышленных предприятий и автомобильного транспорта. Наибольшая фосфорная нагрузка, в основном, складывается из двух источников: со стоком р. Шуи и со сточными водами Петрозаводского промышленного центра. В открытый период года, благодаря высокому водообмену Петрозаводской губы с Центральным плесом озера, средняя концентрация фосфора в поверхностном слое воды составляет 21 мкг/л. В зимнюю межень средняя концентрация фосфора в поверхностном слое равняется 17 мкг/л, в придонном – 59 мкг/л. В придонном слое воды залива максимальные концентрации фосфора (111–665 мкг/л) отмечаются непосредственно вблизи сброса сточных вод Петрозаводского промышленного центра. Среднегодовые концентрации органического углерода высокие – 9,2 мг/л и обусловлены поступлением его с водами р. Шуи.

За год объем ливневого стока в залив с территории города составляет 10 млн. м³. Одна из станций наблюдения (П3) находится в зоне поступления ливневого стока (см. рис 1). С целью выявления причин низкой численности популяции *Gmelinoides fasciatus* на городской части литорали были выполнены экспериментальные исследования влияния ливневых стоков на этого рачка.

Пробы ливневых стоков, поступающих в районе станции П3, отбирали в июле в 2010 г. и в мае-июле 2011 г. Рачков *G. fasciatus* для опытов собирали на литорали в районе станции П1. В экспериментах использовали молодь длиной тела от 1,5 до 3.5 мм. Рачков помещали на акклиматизацию: в течение 3 суток животных содержали в широких кюветах, заполненных водой из Онежского озера при температуре 19–23°C. Рачков кормили нитчатыми водорослями и листовым опадом (ольха). После акклиматизации рачков помещали в ливневые сточные воды.

Оценку токсичности ливневых стоков выполняли согласно Методическим указаниям [26; 81]. Контролем служила вода, взятая из литоральной зоны Онежского озера в районе станции П1. В каждый сосуд помещали по 1 экземпляру *G. fasciatus*. Кормили рачков 1 раз в сутки нитчатыми водорослями. В 2010 г. было поставлено 3 серии опытов в 7 повторностях, продолжительность опытов составила 7 суток. В 2011 г. были поставлены 2 серии опытов в 7 повторностях. В опытах исследовали действие на рачков неразбавленных образцов ливневых стоков, а также их 2-кратного, 5-кратного и 10-кратного разведений. Во время опытов температура варьировала в пределах 19–23°C. Всего за 2 года в опытах использовали 700 экземпляров вида *G. fasciatus*.

2.4. Методика исследования питания рыб

Интродукция вида *Gmelinoides fasciatus* в водоемы Северо-западного региона России была проведена с целью увеличения кормовой базы рыб. Для проверки эффективности этого мероприятия было выполнено исследование питания рыб, отловленных в литоральной зоне Онежского озера. Отлов рыбы осуществлялся в течение 2 дней (9.07.2010 и 10.07.2010) при помощи удочки в литоральной зоне Кумса-губы Повенецкого залива Онежского озера (рис. 2).

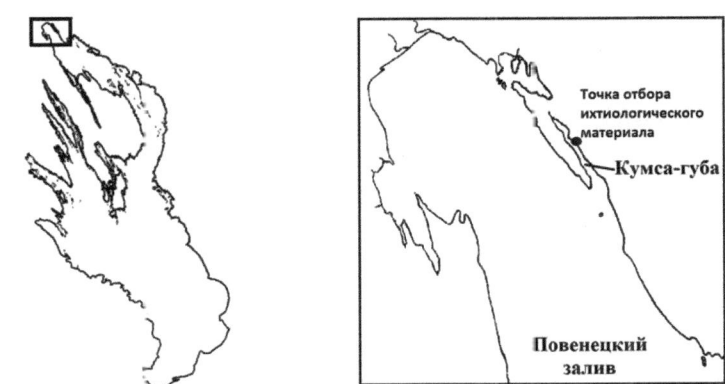

Рис. 2. Схема расположения ихтиологической станции в Кумса-губе Повенецкого залива Онежского озера.

Этот район бы выбран в связи с наличием здесь материально-технической базы для быстрой обработки желудков рыб. Важно отметить, что в литоральной зоне Кумса-губы повсеместно встречается вид G. *fasciatus*. Средняя его численность варьирует от 1202 до 2970 экз./м^2, при средней биомассе 1,9-5,6 г/м^2 [77].

Глубина в районе отлова рыбы составляла до 1,5 метров. Биотоп представлен иловыми отложениями с зарослями тростника обыкновенного *Phrágmites austrális*. Всего было выловлено 95 экземпляров окуня *Perca fluviatilis*. У всех рыб измеряли длину (до конца чешуйного покрова) и вес, определяли возраст. Средняя длина отловленных рыб (AD) составляла 12,4 см (пределы варьирования 10-13,8 см), средняя масса составила 24,4 г (пределы варьирования 13-35 г). Возрастной состав представлен от 2+ до 3+. Таким образом, были исследованы показатели питания только для определенной части популяции окуня, представленной молодыми особями. Обработка проводилась по общепринятой методике [69; 71]. Взвешивание компонентов пищевого комка определялась на торсионных весах с точностью 0,001 г.

Оценку интенсивности питания проводили с помощью индекса наполнения желудков (ИНЖ – отношение веса пищевого комка к весу рыбы в $^o/_{ooo}$) [71]. Индексы наполнения представляют отношение массы пищи к массе рыбы, выраженное в продецимилле ($^o/_{ooo}$), т.е. умноженное на 10000.

Формула выглядит следующим образом:

$$ИНЖ = \frac{Р_ж}{Р} \times 10000$$

ИНЖ – индекс наполнения желудка ($^o/_{ooo}$),

Р$_ж$ - масса содержимого желудка (мг),

Р – масса рыбы (мг).

Кроме того, определяли частоту встречаемости отдельных компонентов в пищевых комках: отношение количества желудков, содержащих какой-либо кормовой компонент, к общему количеству исследованных желудков, выраженное в процентах. В расчетах учитывались только наполненные пищей желудки [71].

Статистическую обработку всех полученных в ходе исследований данных выполняли согласно методическим указаниям [29; 30; 31; 46].

Часть 3. Сезонная динамика и пространственное распределение популяции *Gmelinoides fasciatus* на различных типах литорали Петрозаводской губы Онежского озера

3.1. Роль *Gmelinoides fasciatus* в литоральных ценозах Петрозаводской губы Онежского озера

Результаты исследований позволили выявить следующие крупные таксоны водных беспозвоночных животных, обитающих в литоральной зоне Петрозаводской губы Онежского озера: Amphipoda, Oligocheta, Diptera (Chiromomidae), Ephemeroptera, Plecoptera, Trichoptera, Isopoda, Coleoptera, Odonata, Hirudinea, Mollusca, Arachnoidea.

Вид-вселенец *G. fasciatus* в сообществе литорального бентоса в изучаемых биотопах играет доминирующую роль – как по численности, так и по биомассе. В Петрозаводской губе его доля в литоральных ценозах варьирует в пределах 55-65% (от общей численности) и 65-80 % (от общей биомассы). Для примера на рисунке 3 представлены данные по соотношению различных групп бентоса в пробах, отобранных на одной из станций (П1) в августе 2010 г.

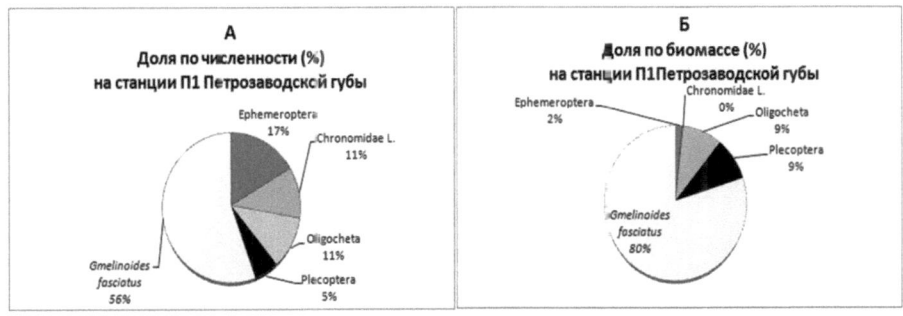

Рис. 3. Доля *G. fasciatus* по численности (А) и биомассе (Б) в сообществе макрозообентоса литорали Петрозаводской губы Онежского озера.

Сходные данные были получены В.И. Кухаревым и соавторами [51], которые отмечали доминирование вселенца на песчано-зарослевом, каменистом и каменисто-зарослевом биотопах практически на всей литорали Онежского озера. Важно отметить, что аборигенный вид *Gammarus lacustris* Sars, ранее обычный в слабоприбойных местообитаниях [72], на всех изучаемых типах литорали нами обнаружен не был.

3.2. Песчано-каменистая затишная литораль с зарослями макрофитов (станция П1)

В Петрозаводской губе на станции наблюдения П1 исследования проводили на песчано-каменистом биотопе с зарослями макрофитов, главным образом, тростника обыкновенного *Phrágmites austrális* (Cav.) (рис. 4).

Рис. 4. Схема и фото мониторинговой станции П1.

Площадь зарастания на станции составила около 5 м². Отмечено обрастание камней нитчатыми водорослями. Станция защищена от волн двумя мысами с юго-восточной и северной сторон, которые образуют небольшую бухту. На станции П1 в течение всего периода наблюдения отмечались затишные условия, т.к. два мыса препятствовали формированию прибойных условий.

Сезонная динамика показателей развития и размерной структуры G. fasciatus на станции П1

Сезонная динамика численности и биомассы *G. fasciatus* на станции наблюдения П1 имеет 2 пика численности и 3 пика биомассы (рис. 5).

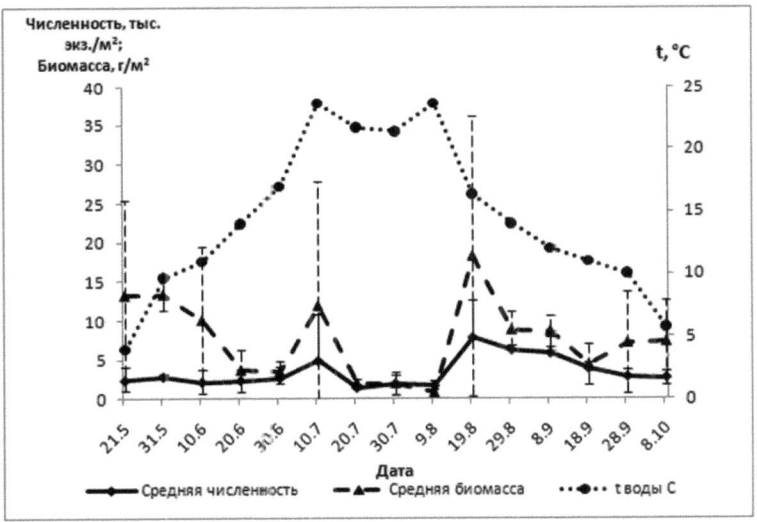

Рис. 5. Сезонная динамика численности (тыс. экз./м²), биомассы (г/м²) и температуры воды на мониторинговой станции П1 Петрозаводской губы Онежского озера в 2010 г.

Максимальные значения численности и биомассы отмечены в конце июня – начале июля (1-й пик) и с середины августа до начала сентября (2-й пик). Средняя численность составила 3386 экз./м^2, средняя биомасса – 7,6 г/м^2, при максимальных показателях – 7793,6 экз./м^2 и 18,2 г/м^2, соответственно.

Важным фактором, обеспечивающим сезонную динамику, является температура воды. На станции П1 вид *G. fasciatus* успевает пройти все важные фазы жизненного цикла, что обеспечивается необходимым количеством градусо-дней. В условиях станции П1 их количество за период с конца мая по начало октября составило 2349. В течение летнего периода (июнь-август) количество градусо-дней составляло 1627 гр.-дн. (табл. 3).

Согласно данным [6; 54], для эмбрионального развития *G. fasciatus* требуется 248 градусо-дней, для достижения половозрелости молоди новой генерации необходимо от 600 до 770 гр.-дн. Всего для отрождения двух выметов молоди у двух последующих генераций рачков *G. fasciatus* в летний сезон необходимо 1500-2000 гр.-дн. [106].

Наблюдаемые нами значения градусо-дней (см. табл. 3) укладываются в эти диапазоны, достаточные для развития двух поколений новорожденных рачков до взрослых особей. Таким образом, в Онежском озере на станции П1 температурный фактор не лимитирует развитие популяции *G. fasciatus*.

Анализ динамики размерно-возрастной структуры популяции *G. fasciatus* показывает, что этот вид характеризуется одногодичным жизненным циклом с генерациями предыдущего и последующего годов (рис. 6). В мае на станции П1 в популяции доминировали старшие возрастные группы, т.е. III и IV размерные группы (особи прошлогодней генерации). Молодые рачки отсутствовали.

Таблица 3. Жизненный цикл *G. fasciatus* на станции П1 в Петрозаводской губе Онежского озера в 2010 г.

Месяц	Дата отбора проб	Т (°С) воды на станции	Сумма гр.-дн.	Особенности жизненного цикла на станции П1 Петрозаводской губы
Май	21.05.	3,9	212	Прошлогодняя генерация, копулирующие пары
	31.05.	9,3		
Июнь	10.06.	11,3	420	Начало выхода молоди новой генерации
	20.06.	13,9		
	30.06.	16,4		
Июль	10.07.	22,6	667	Первый массовый вымет молоди новой генерации
	20.07.	21,2		
	30.07.	23,0		
Август	09.08.	21,1	540	Размножение самок прошлогодней генерации и подросшей молоди новой генерации; второй массовый вымет молоди
	19.08.	15,3		
	29.08.	14,0		
Сентябрь	08.09.	12,6	330	Завершение размножения
	18.09.	11,0		
	28.09.	10,0		
Октябрь	08.10.	5,7	180	Рост рачков
Итого	131 день		2349	

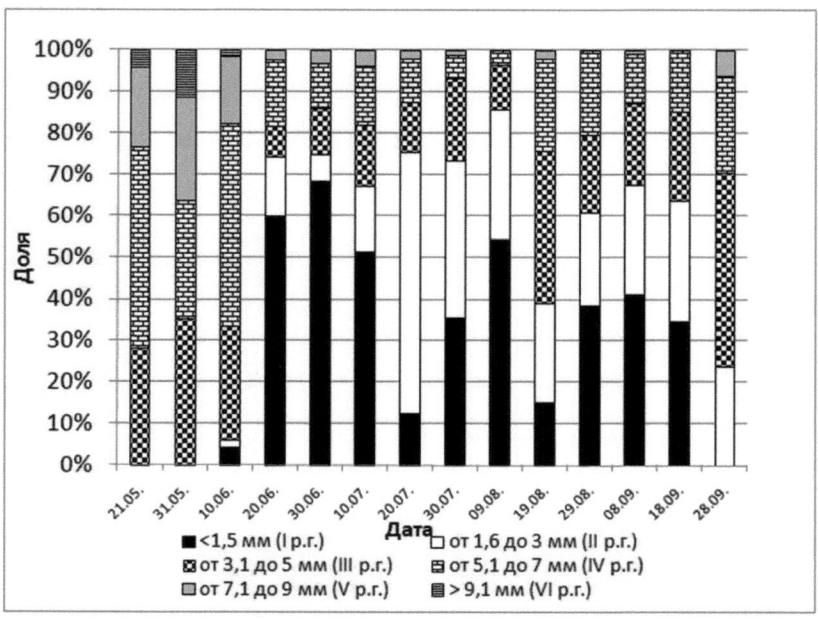

Рис. 6. Доля размерных групп (р.г.) в общей численности (%) на станции П1.

В начале июня зарегистрировано появление молоди I размерной группы новой генерации. Массовый вымет молоди (50-65 % от общей численности всех возрастов) был отмечен в конце июня – начале июля. В июле численность I размерной группы начала уменьшаться, доминирующей стала II размерная группа (60% от численности популяции). Все возрастные группы популяции представлены в середине июля, с преобладанием II, III и IV размерных групп.

Второй вымет молоди I размерной группы (53-40% от численности популяции) отмечается с конца августа до середины сентября. В конце сентября молодые особи менее 1,5 мм не встречались, что свидетельствует о завершении размножения *G. fasciatus*. В этот период доминировали рачки размером от 3,1 до 5 мм.

Сезонная динамика половой структуры и процессы размножения популяции G. fasciatus на станции П1

Динамика полового состава популяции *G. fasciatus* в условиях песчано-каменистой литорали с зарослями макрофитов представлена на рисунке 7.

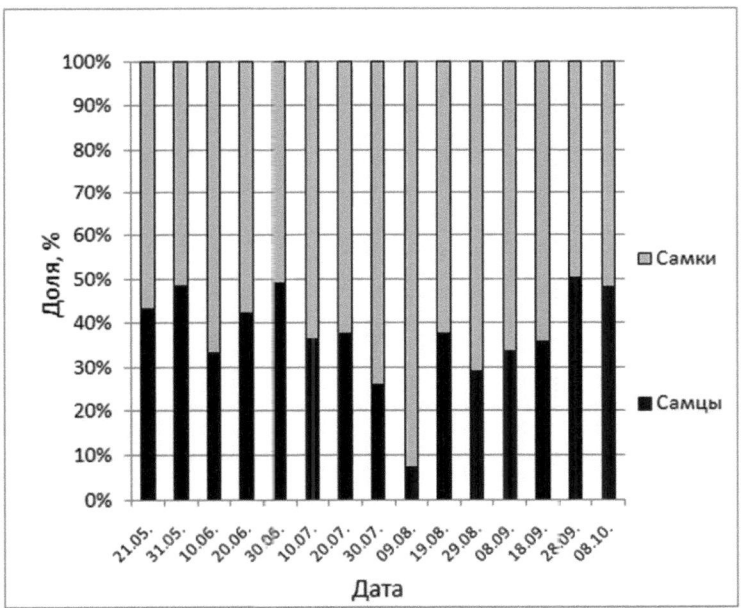

Рис. 7. Половая структура популяции *G. fasciatus* (доля самцов и самок от общей численности, %) на станции П1 в 2010 г.

Необходимо отметить, что средний размер самцов на станции П1 составил 6,3±0,1 мм, при средней биомассе – 5,7±0,2 мг. Для самок средний размер был ниже – 4,9±0,1 мм, при средней биомассе 3,6±0,1 мг. Наибольшая длина тела самцов составила 11,5 мм с биомассой 24 мг. Максимальные размеры самок достигали 9,5 мм с биомассой 10,7 мг.

Соотношение самцов и самок в течение вегетационного периода чаще всего было 1:1,7. По величине критерия χ^2 Пирсона (6,6-22,5) в этих случаях доля самок была достоверно (р<0.05) выше, чем доля самцов. Особенно ярко доминирование самок *G. fasciatus* отмечалось в период второго массового вымета молоди в августе, когда их доля достигала 93 % (1:13). Преобладание самок в период размножения (образование «гаремов») способствует быстрому нарастанию численности популяции [10]. Такие же случаи доминирования самок над самцами были отмечены в зоне зарослей Невской губы Финского залива Балтийского моря [12].

В другие даты отбора проб (21, 31 мая, 20, 30 июня, 20 июля и 28 сентября) процентное соотношение между самками и самцами достоверно (р>0.05) не отличалось от соотношения 1:1.

Процессы воспроизводства популяции *G. fasciatus* на литорали Онежского озера свидетельствуют о том, что в новом водоеме вселенец нашел вполне благоприятные условия для своего существования. Размножение в популяции *G. fasciatus* начинается в начале мая. В это время на станции встречалось большое количество копулирующих пар. В последней декаде мая доминировали самки с яйцами на 2 стадии развития (согласно классификации P. Weygoldt, A. Skadsheim [110]). Эти яйца были однородными, с исчезнувшими гиалиновыми мембранами, т.е. недавно отложены. Данный факт свидетельствует о начальных стадиях процессов размножения рачков (рис. 8).

В июне присутствовали самки с яйцами на 3, 4, 5 и 6 стадиях развития, а именно: яйца с вентральной щелью (3 стадия); с зачатками конечностей (4 стадия); эмбрионы, у которых пищеварительная система содержит желтые пигментные клетки (5 стадия); эмбрионы с отчетливо видимыми глазами, конечностями и сегментацией (6 стадия) (см. рис. 8).

В первой декаде июля доля самок с яйцами с полностью развитыми эмбрионами, готовыми к вымету (7 стадия развития) достигала 20%. Это совпадает с массовым выходом молоди 10 июля (см. рис. 6.). В то же время доминирующими были самки с 4 стадией развития яиц (65 %). Кроме того, зарегистрировано новое массовое появление самок с начальными стадиями эмбрионального развития (15%). Этот факт указывает на вторую волну размножения *G. fasciatus*.

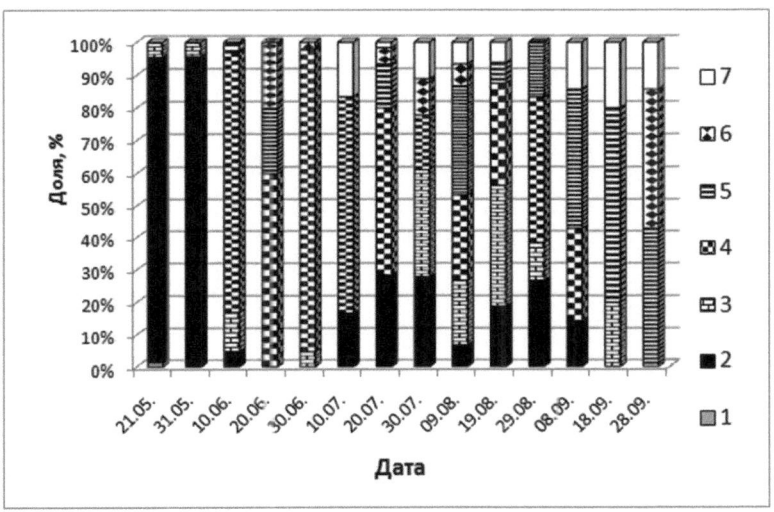

Рис. 8. Доля яйценосных самок с яйцами разных стадий эмбрионального развития в течение сезона на станции П1 (1-7 стадии эмбрионального развития).

Со второй половины июля по начало сентября отмечены самки со всеми стадиями развития яиц. В этот период начали размножаться достигшие половозрелости самки летней генерации, которые постепенно замещают размножающихся самок прошлогодних генераций.

К концу сентября самки с яйцами на ранних стадиях развития (2, 3 и 4 стадии) отсутствовали, однако увеличилась доля самок с яйцами на поздних стадиях развития (5, 6, 7 стадии). Так, доля самок с яйцами 4 стадии развития достигала 40%. Доминировали самки с яйцами на 6 стадии (до 45%). Часть яйценосных самок с яйцами на 7 стадии эмбрионального развития составила 15% от общего количества яйценосных самок. Эти данные свидетельствуют о завершении процесса размножения *G. fasciatus.*

Плодовитость животных следует рассматривать как важнейший фактор, в значительной степени определяющий динамику численности популяции [1]. Знание границ репродуктивных показателей в пределах таксонов необходимо, прежде всего, для раскрытия потенциальных возможностей воспроизводительной способности животных.

Индивидуальная плодовитость самок *G. fasciatus* в Онежском озере на станции наблюдения П1 варьировала от 3 до 24 яиц/самку. Их средняя плодовитость в течение вегетационного сезона на станции наблюдения П1 характеризовалась закономерным ходом, связанным со сменой генераций в популяции (табл. 4).

Таблица 4. Сезонное изменение линейных размеров и плодовитости яйценосных самок *G. fasciatus* в течение вегетационного периода

Месяц	Количество определений	Средняя длина тела, мм $(x \pm m_x)$	Средняя плодовитость, яиц/самку $(x \pm m_x)$	Колебания плодовитости, яиц/самку
Май	167	5,4±1,3	8,1±3,0	3-17
Июнь	95	5,4±0,8	12,2±5,2	4-24
Июль	50	5,1±0,6	10±4,6	4-24
Август	65	4,6±0,8	8,5±3,4	3-17
Сентябрь	43	4,9±0,8	9,8±4,3	4-19

Примечание: x –средняя; m_x- ошибка средней.

В конце мая – начале июня преобладали самки генерации прошлого года. Для них характерна сначала относительно небольшая плодовитость (8,1 яиц на самку), которая возрастает до 12,2 яиц/самку. С конца июля по сентябрь постепенно приступают к размножению самки новой генерации. Об этом свидетельствуют уменьшение средних размеров самок: в конце мая средний размер самок составил 5,4, в августе он снизился до 4,6-4,9 мм. Это отражает смену генераций, начало размножения самок нового поколения. Плодовитость самок новой генерации составляет 8,5-9,8 яиц/самку.

Близкие данные были получены другими исследователями. Так, на юго-западном побережье Онежского озера в 2001 году плодовитость *G. fasciatus* варьировала в пределах 8-18 яиц на самку [13]. В 2005 году в прибережье города Петрозаводска плодовитость рачков составила 4-15 яиц/самку [39]. В целом, показатели плодовитости рачков, обитающих в Онежском озере близки к показателям *G. fasciatus* Братского водохранилища, где максимальная плодовитость достигала 26 яиц на самку [41]. В озере Байкал плодовитость самок вида *G. fasciatus* составила 3-32 яиц/самку [7]. Максимальное количество яиц в марсупиуме *G. fasciatus* зарегистрировано в Невской губе Финского залива - 46 яиц/самку [12].

3.3. Каменистая литораль открытого типа (станция П2)

Станция П2 представляет собой каменистую прибойную литораль (рис. 9).

Рис. 9. Фото мониторинговой станции П2.

Высшая водная растительность здесь отсутствует, на камнях отмечено обрастание нитчатыми водорослями. Станция находится на существенном отдалении от источников антропогенного загрязнения. Расстояние до города Петрозаводска, который расположен на противоположном берегу Петрозаводской губы, составляет около 5 км.

Сезонная динамика показателей развития и размерной структуры G.fasciatus на станции П2

На каменистой литорали в течение вегетационного периода 2010 г. было зарегистрировано два пика численности и биомассы *G. fasciatus* – в июле и августе (рис. 10).

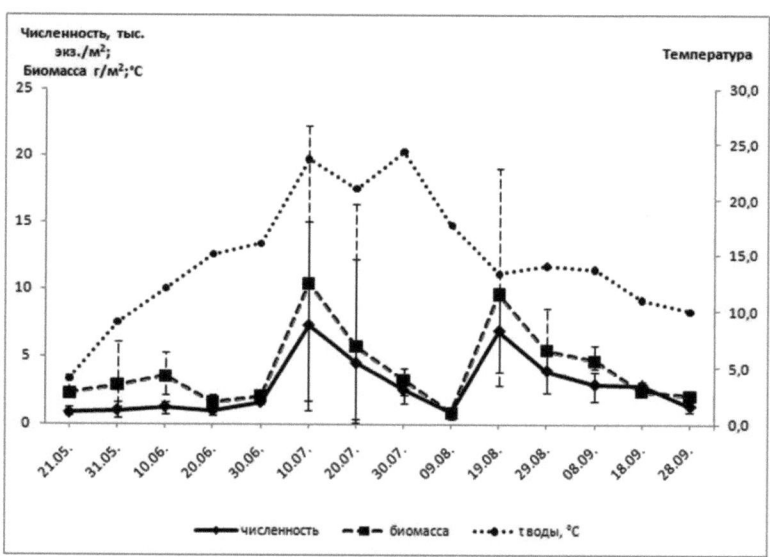

Рис. 10. Сезонная динамика средней численности (тыс. экз./м²), биомассы (г/м²) популяции *G. fasciatus* и температуры воды (°C) на станции П2.

Средние показатели численности на станции П2 составили 2754,9 экз./м^2 средняя биомасса – 4,04 г/м^2. Максимальная численность достигала 7271,4 экз./м^2, максимальная биомасса - 10,37 г/м^2.

Наблюдаемые показатели численности и, особенно, биомассы рачков на каменистой прибойной литорали оказались существенно меньше, чем на затишной литорали с зарослями макрофитов (см. рис. 5). Температурные условия на мониторинговой станции П2 (табл. 5) незначительно отличались от условий на станции П1 (см. табл. 3).

Количество градусо-дней за период с мая по октябрь на каменистой литорали составляет 2269 (см. табл. 5). В июне-августе, т.е. за летний период, количество градусо-дней составило 1570. Следовательно, температурные условия на каменистой литорали прибойного типа (как и на затишной литорали, заросшей макрофитами) являются благоприятными и не ограничивают развитие двух генераций рачков.

Сезонная динамика размерной структуры популяции *G. fasciatus* на станции П2 представлена на рисунке 11. Первая немногочисленная молодь (с длиной тела менее 1,5 мм) на станции П2 зарегистрирована уже в конце мая. Доминирующими в этот период были особи перезимовавшей генерации. Их доля составляла от 58 до 78% от общей численности всех размерных групп. В течение июня возрастала доля только что вышедшей молоди, по сравнению с количеством старо-возрастных рачков. Массовый выход молодых рачков зарегистрирован в первую декаду июля, когда численность молодых особей достигала 3300 экз./м^2, что дает существенный вклад в общую численность и образует первый пик численности рачков. На протяжении всего июля соотношение размерных групп сохраняется.

Таблица 5. Жизненный цикл *G. fasciatus* на станции П2 Петрозаводской губы Онежского озера в 2010 г.

Месяц	Дата отбора проб	T (°C) воды на станции	Сумма гр.-дн.	Особенности жизненного цикла на станции П2 Петрозаводской губы
Май	21.05.	4	201,5	Прошлогодняя генерация, копулирующие пары
	31.05.	9		
Июнь	10.06.	12	430	Начало выхода молоди новой генерации
	20.06.	15		
	30.06.	16		
Июль	10.07.	23,7	690	Первый массовый вымет молоди новой генерации
	20.07.	21		
	30.07.	24,3		
Август	09.08.	17,7	450	Размножение самок прошлогодней генерации и подросшей молоди новой генерации; второй массовый вымет молоди
	19.08.	13,3		
	29.08.	14		
Сентябрь	08.09.	13,7	347	Завершение размножения
	18.09.	11		
	28.09.	10		
Октябрь	08.10.	5	150	Рост рачков
Итого	131 день		2269	

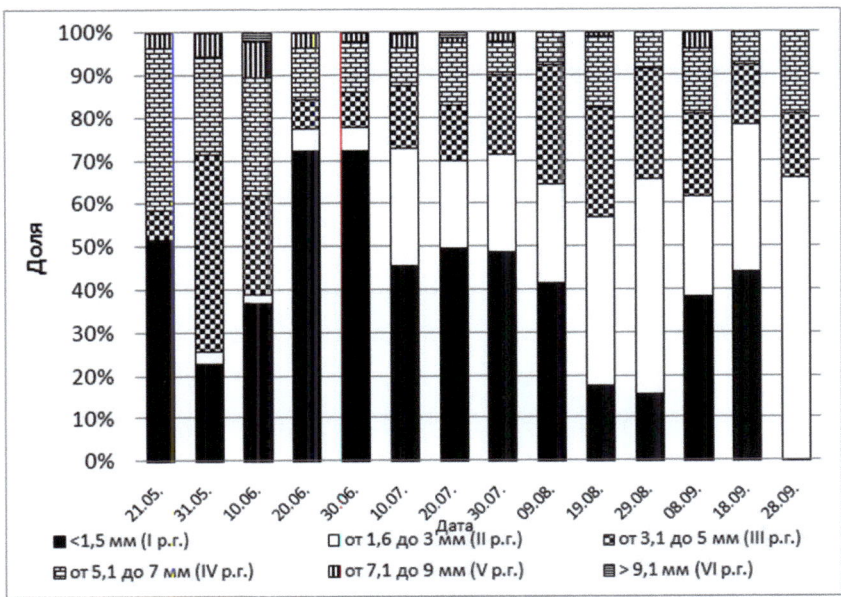

Рис. 11. Доля размерных групп (р.г.) в общей численности (%) на станции П2.

Во второй половине августа начинают преобладать особи второй размерной группы с длиной тела 1,5 до 3 мм (40-50% от общего числа рачков). В первой половине сентября присутствуют все размерные группы. К концу этого месяца особи первой размерной группы уже не обнаруживаются, что свидетельствует об окончании периода размножения.

Сезонная динамика половой структуры и процессы размножения популяции G. fasciatus на станции П2

Сезонная динамика половой структуры популяции *G. fasciatus* на каменистой литорали представлена на рисунке 12. Практически в течение всего периода исследования соотношение самцов и самок достоверно не отличалось от 1:1. Исключение составили отдельные даты (20 июля, 9 и 19 августа), когда достоверно (p<0.05) доминировали самки (80-94%)/ Максимальное увеличение доли самок выявлено в конце июля – августе.

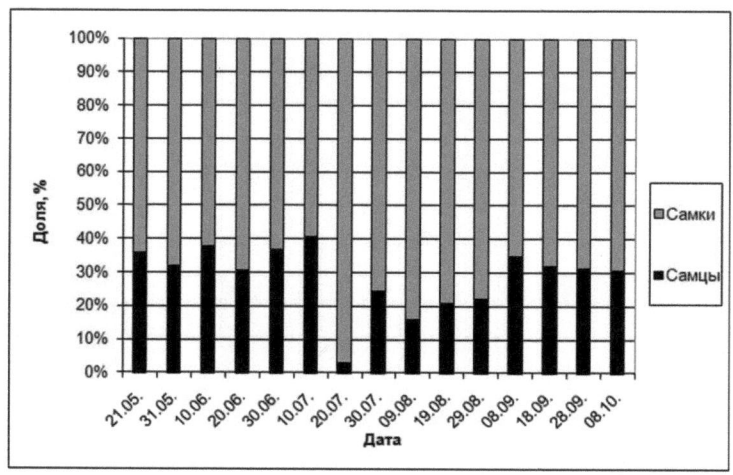

Рис. 12. Половая структура популяции (доля самцов и самок от общей численности, %) *G. fasciatus* на станции П2.

На станции П2 средние размеры самок составили 4,76±0,07 мм, средние размеры самцов – 5,63±0,19 мм. Максимальная длина тела самок достигала 9,5 мм, а самцов – 11,2 мм. Ранней весной в популяции доминировали самки генерации прошлого года с длиной тела от 5,1 до 7 мм, достигая 80% от общего количества самок всех размерных групп. С 31 мая до начала июля начали преобладать самки третьей размерной группы (3,1-5 мм).

В период со второй декады июля до середины сентября размножались выросшие самки новой генерации (3,1-5 мм), их доля составила 60-100%. Самки генерации прошлого года (с размерами тела 5,1-7 мм) также продолжали размножаться: их количество варьировало в пределах 0-40%. К концу периода исследования вновь возросла роль самок (65%) с большими размерами (от 5,1 до 7 мм).

Самцы на каменистой прибойной литорали в конце мая - начале июня были представлены особями перезимовавшей генерации. В этот период самцы имели длину тела 5,1-7 мм (четвертая размерная группа). Доля самцов перезимовавшей генерации варьировала от 45 до 75% от общего количества самцов всех размерных групп. В этот же период отмечались наиболее крупные самцы пятой размерной группы (длина тела 7-9 мм), составляющие от 25-50% от общего числа самцов. Со второй декады июня до конца сентября стали преобладать самцы третьей размерной группы с размером тела от 3,1 до 5 мм, доля которых достигала 55-100%. Сезонная динамика размерного состава популяции *G. fasciatus* на каменистой литорали отражает смену двух генераций рачков: перезимовавшие особи постепенно заменяются на рачков, отрожденных летом 2010 г.

Размножение амфиподы *G. fasciatus* на каменистой литорали, как и в затишных условиях, начинается в мае. На станции П2 максимальная доля самок с яйцами на 2 стадии эмбрионального развития зарегистрирована в конце мая, далее увеличивается доля самок с яйцами на 3 стадии (рис. 13).

Самки с яйцами, полное эмбриональное развитие которых завершено (6-7 стадия), начинают встречаться в начале июля, что совпадает с массовым выметом молоди в это же время (см. рис. рис. 11). На протяжении июля и первой декады августа отмечено доминирование самок с яйцами, находящимися на 2 стадии развития. Во второй половине сентября зарегистрированы только самки с яйцами на 4-7 стадиях, что указывает о постепенном завершении процессов размножения.

Индивидуальная плодовитость самок на станции П2 изменялась от 4 до 23 яиц/самку. Пределы варьирования плодовитости самок на каменистой прибойной (станция П2) и затишной литорали (станция П1) практически совпадали.

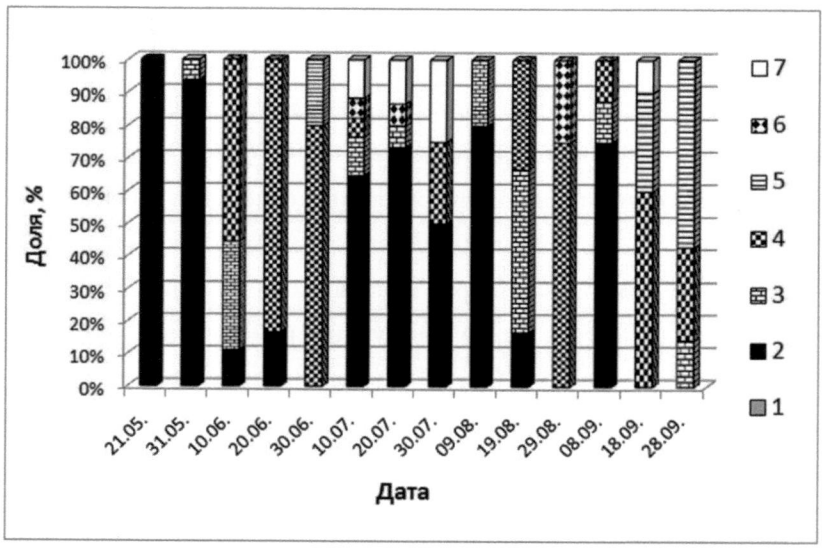

Рис. 13. Доля стадий эмбрионального развития яиц в течение сезона на станции П2 (1-7 стадии эмбрионального развития).

Особый интерес представляет сезонная динамика плодовитости и размеров самок (табл. 6).

Таблица 6. Сезонное изменение линейных размеров и плодовитости яйценосных самок *G. fasciatus* в течение вегетационного периода на станции П2

Месяц	Количество определений	Средняя длина тела, мм $(x \pm m_x)$	Средняя плодовитость, яиц/самку $(x \pm m_x)$	Колебания плодовитости, яиц/самку
май	25	5,1±0,1	8,1±2,1	4-14
июнь	33	5,4±0,1	11,6±3,2	4-20
июль	36	5,4±0,1	11,3±1,5	4-23
август	21	4,9±0,2	8,9±2,4	4-22
сентябрь	20	5,0±0,2	9,2±1,8	4-22

Примечание: x –средняя; m_x- ошибка средней.

Наибольшая за все месяцы средняя длина тела самок с яйцами зарегистрирована в июне и июле – 5,4 мм, при средней плодовитости 11,3-11,6 яиц/самку, соответственно. Эти показатели отражают участие в процессах размножения в основном самок перезимовавшей генерации.

В августе начинают размножаться самки новой генерации. На это указывает достоверное снижение средней длины самок в августе-сентябре (до 5 мм), при средней плодовитости 8,9-9,2 яиц/самку.

3.4. Каменистая литораль в черте г. Петрозаводска (станция П3)

Станция П3 располагается на каменистой литорали без зарослей макрофитов в черте г. Петрозаводска (рис. 14 А). Этот биотоп подвергается антропогенному воздействию. В 120 м от станции на прибрежном участке располагается выпуск ливневых стоков, загрязненных, в том числе, нефтепродуктами (рис. 14 Б).

Рис. 14. А – район расположения станции П3 в черте г. Петрозаводска; Б – выпуск ливневых вод.

В таблице 7 представлены данные по химическому составу ливневого стока, впадающего в районе мониторинговой станции П3 [73]. Загрязнение прибрежной зоны в приводит к заметному изменению химического состава воды и донных отложений. Так, в мае 2003 г. в районе станции П3 концентрация нефтяных углеводородов в донных отложениях была весьма высока (0,023 %) и значительно превышала содержание нефтепродуктов в донных осадках других участков залива (0,006 %) [8].

Таблица 7. Химический состав ливневых вод, поступающих в Петрозаводскую губу в районе расположения станции П3 [122]

K^+, мг/л	Na^+, мг/л	Cl^-, мг/л	$\sum_и$, мг/л	ПО, мг О/л	$БПК_5$, мг O_2/л	Нефте-продукты, мг/л	$P_{мин}$, мкг/л	$P_{общ}$, мкг/л	$N_{общ}$, мг N/л
6	32	43	382	9,9	2,01	0,02	133	160	5,22

Примечание: данные по стоку из трубы А (рис. 18).

Сезонная динамика показателей развития и размерной структуры G. fasciatus на станции П3

Средние показатели численности на станции П3 составили 801,3 экз./м² средняя биомасса – 1,1 г/м². Максимальная численность достигала 1847,3 экз./м², максимальная биомасса - 1,9 г/м² (рис. 15).

На станции П3, расположенной на городской литорали и подверженной антропогенному воздействию, были зарегистрированы самые низкие показатели численности и биомассы G. *fasciatus*. На этой станции с конца июня до первой декады июля было отмечено возрастание численности амфиподы G. *fasciatus* (1-й пик), рост связан с массовым выходом молоди.

В период с 20 июля по 9 августа численность рачков характеризовалась снижением до 250-500 экз./м². Второе повышение численности (2-й пик) со второй декады августа по конец сентября вызвано вторым массовым выходом молоди. На мониторинговой станции П3 температура воды отличалась незначительно от температуры воды на других станциях Петрозаводской губы. Количество градусо-дней на станции наблюдения П3 (2281) наиболее близка к количеству градусо-дней станции П1 (2349). Следовательно, температура не относится к факторам, лимитирующим развитие популяции *G. fasciatus* на городской литорали.

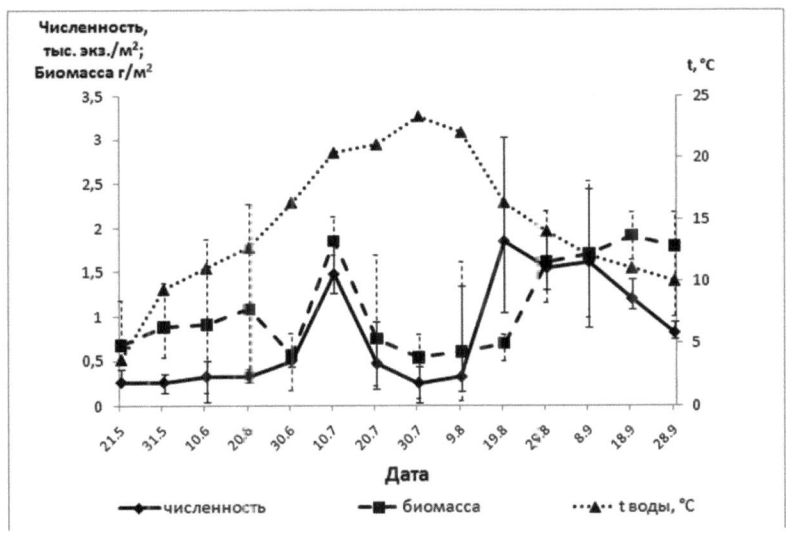

Рис. 15. Сезонная динамика средней численности (тыс. экз./м^2), биомассы (г/м^2) *G. fasciatus* и температуры воды на станции П3.

Размерно-возрастная структура G. fasciatus на станции П3

Как и на станции П2, на литорали в районе станции П3, наряду с рачками перезимовавшей генерации, уже в конце мая зарегистрированы молодые особи новой генерации, которые достигали 18-55% от общей численности всех размерных групп (рис. 16). В июне происходило постепенное увеличение доли бокоплавов с длиной тела менее 1,5 мм. Первый массовый вымет отмечен 10 июля.

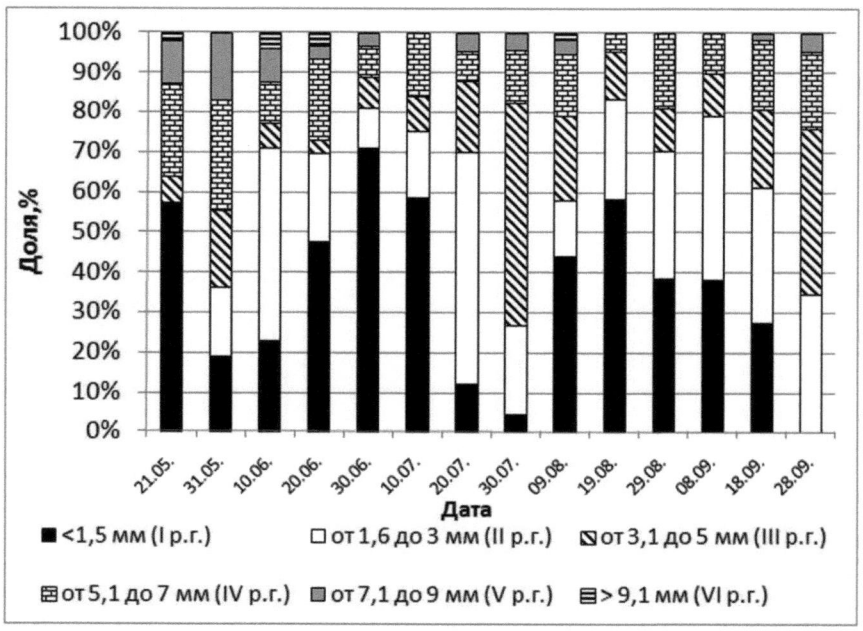

Рис. 16. Доля размерных групп (р.г.) в общей численности (%) на станции П3.

В период с конца июля до второй декады сентября обнаружены все размерные группы рачков *G. fasciatus*. В августе начинают преобладать особи I и II размерных групп, 40-60% и 20-32% от общей численности всех рачков, соответственно. Процесс размножения на станции П3, как на других типах литорали Петрозаводской губы, заканчивается в сентябре, на что указывает отсутствие в конце месяца молодых бокоплавов с длиной тела менее 1,5 мм.

Сезонная динамика половой структуры и процессы размножения популяции G. fasciatus на станции П3

Соотношение самок и самцов в течение сезона достоверно не отличалось от 1:1, согласно значениям χ^2 Пирсона. Весной дсля самцов в популяции незначительно превышала долю самок (54-62%), достоверных отличий от соотношения 1:1 не зарегистрировано. С конца июня до начало августа наблюдалось увеличение дсли самок, с максимумом 30 июля (75%), затем отмечали равновесное соотношение. Однако в конце сентября начали достоверно (p<0,05) доминировать по численности самцы, при снижении доли самок до 30% (рис. 17).

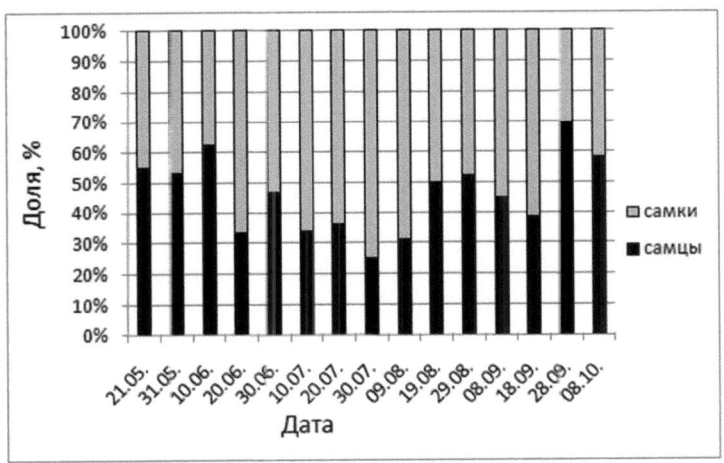

Рис. 17. Полозая структура популяции (доля самцов и самок от общей численности, %) *G. fcsciatus* на станции П3.

На литорали станции П3 процесс размножения начинается, по крайней мере, в мае. В начале периода исследования доминировали самки с недаено отложенными яйцами на 2 стадии развития. Соотношение самок с яйцами на разных стадиях развития в целом совпадает с соотношением яйценосных самок на станциях П1 и П2. В августе продолжают размножаться самки прошлогодней генерации и начинают приступать к размножению самки новой генерации. Заканчивается размножение в сентябре.

Плодовитость самок на станции наблюдения П3 варьировала от 4 до 26 яиц/самку, при средней плодовитости 8,3-9,5 яиц/самку (табл. 8)..

Таблица 8. Сезонное изменение линейных размеров и плодовитости яйценосных самок *G. fasciatus* в течение вегетационного периода на станции П3.

Месяц	Количество измерений	Средний размер, мм $(x \pm m_x)$	Индивидуальная плодовитость яиц/самку $(x \pm m_x)$	Колебания плодовитости яиц/самку
май	21	5,4±1,3	8,7±3,3	4-17
июнь	22	5,8±0,9	8,3±5,8	4-26
июль	21	4,7±0,6	9,0±5,1	4-19
август	25	4,6±0,8	8,5±3,5	4-18
сентябрь	18	4,8±0,9	9,5±4,0	5-18

Примечание: x –средняя; m_x– ошибка средней.

В течение периода исследования отмечено уменьшение средних размеров самок от мая-июня к августу-сентябрю, что связано с началом размножения самок летней генерации и продолжающимся размножением самок прошлогодней генерации.

3.5. Оценка влияния ливневых стоков г. Петрозаводска на *Gmelinoides fasciatus*

Резкое снижение численности и биомассы *G. fasciatus* в районе станции П3, загрязняемой стоками с территории города Петрозаовдска, позволило предположить возможное негативное влияние ливневых стоков на рачков.

Последующее токсикологическое исследование проб ливневых вод подтвердило это предположение.

Пробы для биотестирования отбирались на 4 точках (рис. 18). Две точки (**A, D**) представляли собой выходы труб, по которым ливневые стоки попадают в Петрозаводскую губу Онежского озера. На станции **B** на расстоянии 1 м от берега и глубине 0.3 м отбирали озерные воды из литоральной зоны. Точка отбора **C** – это устье ручья, впадающего в Петрозаводскую губу.

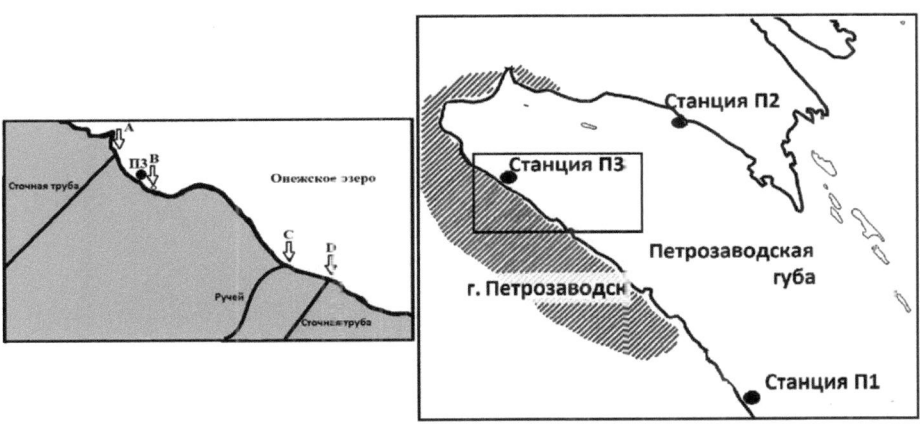

Рис. 18. Карта-схема расположения станций отбора проб ливневых вод. A и D – сточные трубы, из которых ливневые стоки поступают в озеро; B – литоральная зона озера (глубина 0.3 м); C – устье ручья, впадающего в озеро. П3 – место расположения станции отбора проб макрозообентоса.

Результаты исследований токсичности ливневых стоков для *G. fasciatus* в 2010 и 2011 годах представлены, соответственно, в таблицах 9 и 10. Согласно результатам исследований за 2010 год, наиболее токсичными оказались неразбавленные пробы ливневых стоков из точки A. Выживаемость *G. fasciatus* в этих пробах снижалась до 14% (см. табл. 9).

Таблица 9. Выживаемость (%) *Gmelinoides fasciatus* в ливневых стоках в 2010 году, экспозиция 7 суток

Точка отбора	Разбавление	6 июля	13 июля	21 июля
A	К	100	100	100
	н/р	14*	57*	71
	2х	71	86	86
	5х	86	86	86
	10х	100	100	100
B	К	100	100	100
	н/р	0*	86	100
	2х	0*	100	86
	5х	14*	100	100
	10х	29*	86	100
C	К	100	100	100
	н/р	29*	57*	86
	2х	71	71	86
	5х	43*	86	86
	10х	71	86	86
D	К	100	100	100
	н/р	86	71	100
	2х	71	71	86
	5х	100	86	100
	10х	86	100	86

Примечание: К – контроль; н/р – не разбавленный ливневый сток; 2х – двукратное разведение ливневых стоков; 5х – пятикратное разведение ливневых стоков; 10х – десятикратное разведение ливневых стоков. *– отличия от контроля достоверны (p<0,05).

Таблица 10. Выживаемость (%) *Gmelinoides fasciatus* в ливневых стоках в 2011 году, экспозиция 7 суток

№ станции	Разбавление	20 июня	4 июля
A	К	100	100
	н/р	57*	86
	2х	86	100
	5х	86	100
	10х	100	100
B	К	100	100
	н/р	29*	57*
	2х	100	71
	5х	86	86
	10х	100	100
C	К	100	100
	н/р	0	29*
	2х	71	71
	5х	71	71
	10х	100	100
D	К	100	100
	н/р	86	86
	2х	100	100
	5х	86	100
	10х	86	100

Примечание: обозначения те же, что и в таблице 9.

С увеличением разведения выживаемость возрастала до 100%. В пробах ручьевой воды из точки С (данные за 2010 г.) выживаемость вида-вселенца также оказалась весьма низкой – 29 %. Согласно классификации Н.С. Строганова [81], пробы из точек А и С характеризуются как сильно токсичные. Ливневая вода из точки D имела наименьшую степень токсичности, т.к. выживаемость *G. fasciatus* в этих пробах варьировала в пределах 71-100 %. Особенно по своей токсичности выделяются пробы из точки В (литоральная зона) вблизи водозабора. В пробе, взятой 6 июля 2010 года, наблюдали полную гибель вида *G. fasciatus*. Разбавление пробы контрольной водой в 2-10 раз не снижало ее токсического действия на рачков. Токсичность озерной воды из точки В характеризуется как весьма сильная. Важно отметить, что сроки обнаружения токсичности озерной воды (6 июля) совпали со сроками высокой токсичности ливневых стоков А и С. Следовательно, именно ливневые стоки обусловливают неблагоприятную ситуацию в данном районе литоральной зоны Петрозаводской губы.

В 2011 г. опыты по изучению токсичности ливневых и озерных вод в районе расположения станции П3 были повторены (см. табл. 10). В 2011 г. пробы воды из точки А (сточная труба) оказали менее негативное воздействие (средней степени токсичности) на *G. fasciatus* по сравнению с 2010 г. Вода из точки С (ручей) характеризовалась сильной токсичностью: 20 июня 2011 г. была зафиксирована полная гибель тест-объектов. Ливневый сток D в течение двух лет исследований оказывал самое слабое токсическое действие на исследуемые тест-объекты. Образцы озерной воды из точки В, которая находится на литорали Петрозаводской губы, оказывали сильное токсическое влияние на байкальскую амфиподу, выживаемость организмов снижалась до 29%.

Таким образом, результаты биотестирования ливневых стоков свидетельствуют о крайне неблагоприятной экологической ситуации на берегу

Петрозаводской губы в районе станции П3. Ливневые стоки, поступающие с берега в этот район, характеризовались в основном высокой степенью токсичности. Результаты токсикологических опытов свидетельствуют о том, что антропогенный фактор может лимитировать развитие популяции *G.fasciatus* на городской литорали.

3.6. Сравнительный анализ популяционных показателей *Gmelinoides fasciatus* на разных типах литорали Петрозаводской губы Онежского озера

Для оценки роли биотопов в Петрозаводской губе Онежского озера сравнивали три станции наблюдения П1 (песчано-каменистый, затишной биотоп с зарослями макрофитов) и П2 (каменистый, прибойный биотоп) и П3 (каменистый прибойный биотоп, испытывающий антропогенное воздействие). На трех станциях отмечены близкие значения градусо-дней. Так, на станции П1 – 2349 гр.-дн., на станции наблюдения П2 данный показатель был немного ниже и составил 2269 гр.-дн., на станции П3 – 2281 гр.-дн. Следовательно, температурные условия на всех трех станциях позволяют двум генерациям популяции *G. fasciatus* пройти все стадии развития и не лимитируют их развитие.

С целью корректной оценки [31] достоверности различий показателей популяции на разных биотопах рассчитывали медианы и их ошибки (табл. 11). На первом этапе проводили сравнения между популяциями *G. fasciatus* на станциях, не испытывающих антропогенного воздействия. Сравнивали станцию П1 (каменисто-песчаная литораль с затишными условиями и зарослями макрофитов) и станцию П2 (каменистая прибойная литораль). Размеры тела самцов и самок на станциях П1 и П2 достоверно ($p>0,05$) друг от друга не отличались (см. табл. 11). Сходной была плодовитость самок на станциях П1 и П2: пределы доверительного интервала составили 7–9 яиц на самку (станция П1) и 8–10 яиц на самку (станция П2).

Таблица 11. Общие численность, биомасса, длина тела самцов, самок и плодовитость самок на трех литоральных станциях Петрозаводской губы Онежского озера

Станции	Показатели	Me	m	Me-tm	Me+tm	min	max	n
П1	N, экз./м^2	2998	467	2064	3933	522	13459	45
	В, мг/м^2	5064	1267	2530	7597	404	38676	45
	L$_{самцы}$, мм	6,4	0,1	6,2	6,5	3,1	11,5	411
	L$_{самки}$, мм	4,9	0,1	4,7	5,1	3,1	9,5	577
	E, яиц/самку	8	0,3	7	9	3	24	420
П2	N, экз./м^2	1651	316	1018	2284	354	14992	45
	В, мг/м^2	2304	341	1621	2986	61	22269	45
	L$_{самцы}$, мм	5,9	0,3	5,3	6,5	3,1	11,2	99
	L$_{самки}$, мм	4,9	0,1	4,6	5,2	3,1	9,5	277
	E, яиц/самку	9	0,6	8	10	4	23	142
П3	N, экз./м^2	480	166	149	811	34	3032	45
	В, мг/м^2	903	227	449	1357	59	2535	45
	L$_{самцы}$, мм	6,0	0,2	5,7	6,4	3,1	10,9	124
	L$_{самки}$, мм	4,7	0,1	4,5	4,9	3,1	9,2	157
	E, яиц/самку	9	0,3	7	9	4	26	105

Примечание: N – численность экз./м^2; В – биомасса, мг/м^2; L – длина тела мм; E – плодовитость, яиц/самку; Me – медиана; m – ошибка медианы; Me-tm, Me+tm – нижний и верхний пределы варьирования медианы; n – число проб (для показателей численности и биомассы) или измерений для показателей длины тела и плодовитости).

Поскольку различия между размерами тела рачков и их плодовитостью на двух биотопах отсутствовали или были незначительными, следовательно, кормовой фактор не лимитирует развитие рачков на затишной и открытой литорали [19; 82].

Распределения логарифмированных значений численности амфиподы *G.fasciatus* на трех станциях представлено на рисунке 19.

Рис. 19. Распределения логарифмированных значений общей численности на трех станциях Петрозаводской губы

Распределения общей численности рачков на станциях П1 и П2 достоверно не различались (x^2=10,4). Однако, медианы численности и биомассы на станции П1 (песчано-каменистый затишной биотоп с зарослями макрофитов) были достоверно (примерно в 2 раза) выше, чем на станции П2 (каменистый прибойный биотоп) (см. табл 11).

Большие численность и биомасса на станции П1 по сравнению со станцией П2, по-видимому, связаны с возможностью укрытия рачков в бухте и зарослях макрофитов на станции П1. Скопление рачков в затишных условиях и определило максимальные показатели их численности и биомассы на станции П1 в Онежском озере. Подобное явления концентрирования рачков в затишных местах отмечалось М.И. Бекман [7] в оз. Байкал.

Данные по продукции популяции рачков (табл. 12) подтверждают предположение о наиболее благоприятных условиях на затишной литорали с зарослями макрофитов. Так, максимальной величиной продукции характеризуется станция наблюдения П1, что связано с затишными условиями и возможностью рачков образовывать скопления.

Таблица 12. Продукция (Р, ккал/м^2) и суточная интенсивность потока энергии (А, ккал/(г*сут)) через популяцию *G. fasciatus* за вегетационный сезон

Мониторинговая станция	Продукция (Р), ккал/м^2	Р/В	А, ккал/(г*сут)
П1	12,07	1,58	0,161
П2	8,11	2,06	0,087
П3	1,84	1,63	0,027

На втором этапе сравнивали показатели популяции *G. fasciatus*, обитающих на сходных биотопах (каменистая пробойная литораль), но различающихся по наличию антропогенного фактора. Сопоставляли данные по станции П2 (влияние антропогенного фактора отсутствует) и П3 (поступление ливневых стоков с городской литорали).

На станции П3 медианные значения численности и биомассы были минимальными и составили 480 экз./м^2 и 903 мг/м^2, соответственно (см. табл. 11). Они были достоверно (в 2-3 раза) ниже, чем на фоновой станции П2. Распределение логарифмированных значений численности амфиподы *G. fasciatus* на станции П3 (см. рис. 19) также достоверно отличалось от распределения этих показателей на станции П2 (χ^2=28,9).

Для выявления причины резкого снижения численности и биомассы рачков на городской литорали сравнивали размеры тела рачков и плодовитость самок с этой станции с показателями животных на фоновом биотопе (станция П2). Оказалось, что размеры тела и плодовитость рачков на двух биотопах достоверно не различались (см. табл. 11). Кроме того, схожей оказалась сезонная динамика популяций на станциях П2 (см. рис. 10) и на станции П3 (см. рис. 15). Таким образом, прямое негативное действие ливневых вод на показатели жизнедеятельности рачков в натурных условиях отсутствует, хотя в экспериментах была обнаружена токсичность ливневых стоков для *G. fasciatus*.

Противоречие между натурными и экспериментальными данными может быть объяснено гетерогенностью условий в районе литоральной станции П3. Сточные воды, при разбавлении, распространяются по городской литорали. Можно предположить, что в литоральной зоне на станции П3 создаются локальные условия, позволяющие *G. fasciatus* нормально расти и размножаться. В зону отбора проб, загрязняемую ливневыми стоками, рачки совершали случайные миграции из локальных благоприятных условий, что и определило низкую численность, биомассу и продукционные показатели на станции П3 (см. табл. 11, 12). Таким образом, наблюдаемые низкие показатели численности и биомассы *G. fasciatus* на станции П3 связаны с отпугивающим действием ливневых стоков в районе городской литорали и процессами миграции рачков из загрязненной зоны.

Часть 4. Роль вида-вселенца *G. fasciatus* в питании рыб

Результаты исследования пищеварительных трактов исследованных нами рыб показали, что спектр их питания был представлен только бентосными организмами. Это хорошо согласуется с данными Е.Ф. Июдиной [37], согласно которым питание сеголеток окуня в Онежском озере преимущественно планктическое, на втором году жизни молодь переходит к смешанному питанию бентосом и планктоном. Трехлетки окуня полностью переходят на питание бентосом и, только достигнув размеров 10 см и более, молодь начинает хищничать. Нами исследованы окуни в возрасте 2+ и 3+.

В желудках рыб, отловленных на литорали Кумса-губы Повенецкого залива, по частоте встречаемости доминировал *G. fasciatus*. Этот вид был обнаружен во всех исследуемых образцах желудков (100%), кроме того в 90 % были обнаружены личинки отрядов *Ephemeroptera* и *Trichoptera* (рис. 20).

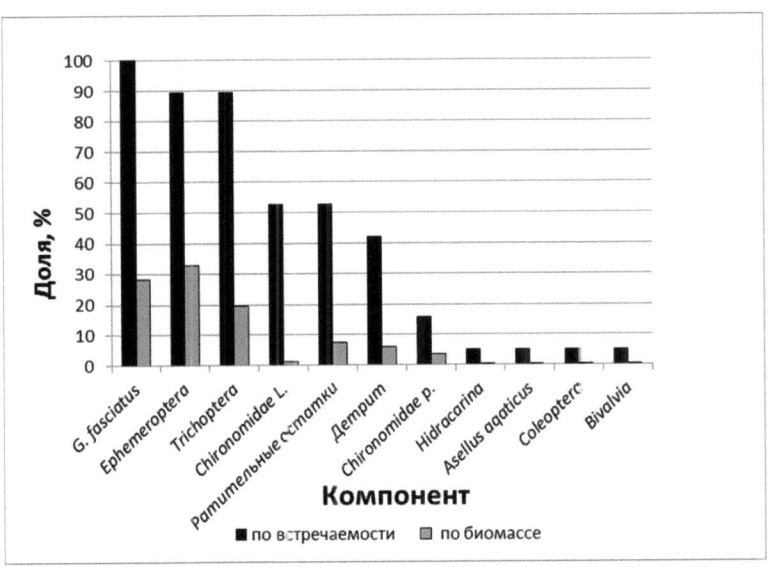

Рис. 20. Спектр питания младших возрастных групп окуня на литорали Кумса-губы Повенецкого залива Онежского озера.

В половине пищеварительных трактов были обнаружены личинки *Chironomidae,* детрит и остатки макрофитов. Куколки сем. *Chironomidae,* водяные клещи Hidracarina, водяные ослики *Asellus aquatucus,* виды отрядов жуки Coleoptera и двустворчатые моллюски Bivalvia присутствовали редко. Показано, что по биомассе доминировали личинки поденок *Ephemeroptera* (33%), амфипода *G. fasciatus* (28%) и ручейники *Trichoptera* (20%). В пищеварительных трактах присутствовали и сопутствующие компоненты: детрит и растительные остатки. Согласно литературным данным [34], в желудках окуней из Петрозаводской губы Онежского озера в весовом отношении выделяются поденки (49%), амфиподы (46%), доля остальных организмов мала.

Рассчитанный нами индекс наполнения желудков был 54 $°/_{ooo}$ (1,2-128), что ниже среднего индекса, обнаруженного Н.В. Ильмастом и А.Я Кучко [34] на литорали Петрозаводской губы Онежского озера. Согласно данным этих авторов, средняя величина индекса составляла 95 $°/_{ooo}$ (20,1-207,5). Это явление можно объяснить выборками из разных возрастных групп окуней: наши данные включали рыб в возрасте 2+, 3+. Материалы по Петрозаводской губе включали возрастные группы окуней 3+ и 5+.

Данные Е.П. Горлачевой [20] в озере Арахлей по питанию окуня существенно отличаются от полученных результатов на Онежском озере. Так, в озере Арахлей окунь имеет широкий пищевой спектр (21 компонент). Доминирующей пищей окуня являлась в основном рыба (арахлейская песчаная широколобка *Leocottus kessleri arachlensis* Tarchova) и бентос (личинки хирономид). Отмечено, что в конце прошлого – начале нынешнего веков в питании окуня произошли существенные изменения. В 1990-х годах потребление окунем рыбы из оз. Арахлей сократилось и основу его пищи уже составляли личинки хирономид и дафнии. В настоящее время окунь питается дафниями и видом – вселенцем *G.fasciatus*, который составляет до 95% по массе от пищевого комка.

Литературные материалы показывают, что вид-вселенец *G. fasciatus* стал очень важным пищевым объектом частиковых рыб и молоди рыб во всех реципиентных экосистемах. Так, в Ладожском озере *G. fasciatus* стал излюбленным пищевым объектом налимов *Lota lota* (в возрасте 0+..1+), окуня (1+…3+), и ерша. В Рыбинском водохранилище этот рачок также составляет основу (90% по массе в пищевом комке) в питании сеголетков (0+, 70 мм) налима. Причем, до вселения *G. fasciatus* налим этого возраста питался другими беспозвоночными (изоподами, водными насекомыми) и частично зоопланктоном. В оз. Отрадном (Ленинградская обл.) 80% продукции зообентоса потреблялось окунем 2+… 3+. Окунь при длине 170 мм (6+) питался преимущественно *G. fasciatus* (до 63% массы) [9; 96].

Заключение

Амфипода байкальского происхождения *Gmelinoides fasciatus* была занесена в ходе преднамеренной акклиматизации более 40 лет назад из оз. Байкал в верхние водохранилища Волги и озера Карельского перешейка. Цель такого активного переселения вида заключалась в улучшении кормовой базы рыб и увеличении рыбопродуктивности водоёмов-реципиентов. По системам рек и озер, а также с балластными водами судов этот вид постепенно проник в другие районы Северо-западного региона России, и сегодня он стал одним из доминирующих видов на литорали таких крупных всдоемов как Ладожское и Онежское озера.

Согласно работам А.Ф. Алимова и соавторов [2; 3], успешная натурализация вселенцев означает, что чужеродный вид на новом месте способен образовывать устойчивые популяции. Именно такая ситуация наблюдается на литорали Петрозаводской губы – одного из крупных заливов Онежского озера. В различных гипах биотопов (песчано-каменисто затишная литораль с зарослями макрофитов, каменистая открытая литораль) амфипода *G. fasciatus* характеризуется одногодичным жизненным циклом с генерациями прошлого года и текущего года. Сезонная динамика популяционных показателей характеризуется двумя пиками численности и двумя-тремя пиками биомассы. Основные характеристики жизненного цикла вселенца *G. fasciatus* – сроки созревания, плодовитость, особенности возрастного и полового состава, – все эти показатели характеризуют процесс вселения рачков в Онежское озеро как успешный.

Данные по численности и биомассе вида *G. fasciatus* в Онежском озере и в других водоемах-реципиентах, а также в исходном водоеме, оз. Байкал, вполне сопоставимы. Это служит дополнительным доказательством адаптации вида к условиям литорали Онежского озера.

Причинами такого «победного шествия» вида *G. fasciatus* по водоемам Северо-западного региона России являются его биологические и экологические характеристики. Этот вид является эврибионтным, обладающим высокой экологической пластичностью [7; 54]. По отношению к недостатку кислорода *G. fasciatus* является одной из наиболее стойких байкальских форм [7].

Амфипода *G. fasciatus* характеризуется широким диапазоном термотолерантности. Этот вид более устойчив к колебаниям температуры, чем другие байкальские виды амфипод, например, *Eulimnogammarus maacki* Gerstf., 1858 и *E. marituji* Baz., 1945 [111; 113]. Для развития новорожденных рачков *G. fasciatus* до взрослого организма необходимо 1000-1250 градусо-дней (около 55-65 дней с температурой воды 18,5 градусов). Число генераций за сезон в разных водоемах может варьировать от одной до трех. Одна генерация наблюдается в водных экосистемах с числом градусо-дней менее 1200 в течение лета (литораль оз. Байкал). Две генерации отмечаются в местообитании с 1500-2000 градусо-днями (Ладожское озеро, Псковско-Чудское озеро, оз. Отрадное) и три генерации – в местах с более чем 2200 градусо-днями в течение сезона (водохранилища верхней Волги) [106]. На литорали Петрозаводской губы Онежского озера формируется две генерации вида *G. fasciatus*, что обеспечивается необходимым количеством градусо-дней (2281-2349).

Немаловажной характеристикой рачка *G. fasciatus*, способствующей его успешному расселению, является широкий пищевой спектр. В спектре питания амфиподы присутствуют растительная, животная пища и детрит [7; 12; 41; 54; 103].

Исследования 2010 г. показали, что на литорали Петрозаводской губы Онежского озера численность и биомасса рачков на различных типах биотопов достоверно различались. Ни температура, ни кормовые условия не лимитировали развитие популяции вида *G. fasciatus* на всех изученных типах литорали. Факторами, определяющими наиболее высокие показатели численности, биомассы и продукции *G. fasciatus*, оказались затишные условия, а именно, наличие изрезанных берегов, небольших бухт, зарослей макрофитов. В затишных условиях оз. Байкал также отмечалась способность *G. fasciatus* образовывать скопления [7].

Минимальные показатели численности, биомассы и продукции популяции рачков были отмечены на городской части литорали Петрозаводской губы, подверженной воздействию ливневых вод города Петрозаводска с высоким содержанием нефтепродуктов. Токсичность ливневых стоков для *G. fasciatus* была обнаружена в экспериментах. Тем не менее, в натурных условиях прямое токсическое действие ливневых стоков на популяцию рачка не проявилось, о чем свидетельствовали нормальные размеры рачков, плодовитость и жизненные циклы, которые на городской литорали не отличались от таковых для популяций на фоновых участках. Низкие показатели численности и биомассы популяции *G. fasciatus* на литорали в черте города Петрозаводска связаны с отпугивающим действием стоков и избеганием рачков загрязненных участков.

Байкальская амфипода *G. fasciatus* входит в пищевой спектр рыб Онежского озера, в частности, окуней. В ходе исследований на литорали Кумса-губы Повенецкого залива (самого северного залива Онежского озера) во всех исследуемых образцах желудков окуня по встречаемости преобладал вид *G. fasciatus*. Сходная ситуация отмечается в других водоемах. В оз. Байкал содержимое желудков озерного сига *Coregonus lavaretus baicalensia* Dyb. представлено преимущественно гаммаридами *G. fasciatus* и *Micryropus wahli*, в кишечниках язя *Leuciacus idua* (L) находились молодь гаммарид *G. fasciatus* и имаго хирономид [24]. В Братском водохранилище рачок *G. fasciatus* активно потребляется ершами и окунями [25]. В Рыбинском водохранилище вид-вселенец *G. fasciatus* играет существенную роль в питании бычка-цуцика

(*Proterorhinus marmoratus* (Pallas, 1814) [100]. Согласно литературным данным [20; 34; 44; 96], во многих водоемах этот рачок является кормовым объектом таких видов рыб как окунь *Perca fluviatilis*, ерш *Gymnocephalus cernuus*, налим *Lota lota* и бычок-цуцик *Proterorhinus marmoratus*.

Таким образом, несмотря на глубокое проникновение из оз. Байкал на северо-запад России байкальская амфипода *G. fasciatus* успешно адаптировалась на литорали Онежского озера и оказывает на водоём-реципиент многостороннее влияние. Доминирование вида *G. fasciatus* на литорали привело к резкому увеличению продукционных характеристик литоральных ценозов. Это, в свою очередь ускоряет процессы утилизации в литоральной зоне органического вещества. Известно, что вид-вселенец *G. fasciatus* всеяден, питается детритом, наилком, нитчатыми и диатомовыми водорослями, мелкими животными, разлагающимся органическим веществом. Эти характеристики вида обусловливают его значительную роль в процессах самоочищения литорали Петрозаводской губы от органического загрязнения. Вид-вселенец в Онежском озере является объектом питания рыб, что определяет его активную роль в процессах переноса вещества и энергии из литоральной зоны в пелагическую часть озера.

Литература

1. Алимов А.Ф. Введение в продукционную гидробиологию. Ленинград. Гидрометеоиздат. 1989. 152 с.

2. Алимов А.Ф., Богутская Н.Г., Орлова М.И., Паевский В.А., Резник С.Я., Кравченко О.Е., Гельтман Д.В. Антропогенное распространение видов животных и растений за пределы исторического ареала: процесс и результат. В кн: Биологические инвазии в водных и наземных экосистемах. М.: Товарищество научных изданий КМК, 2004. С.16-43.

3. Алимов А.Ф., Панов В.Е., Крылов П.И., Телеш И.В., Быченков Д.Е., Зимин В.Л., Максимов А.А., Филатова Л.А. 1998. Проблема антропогенного вселения чужеродных организмов в водоемы бассейна Финского залива // Экологическая обстановка в Санкт-Петербурге и Ленинградской области в 1997 году. Справочно-аналитический обзор. СПб., 1998 С. 243-248.

4. Базарова Б.Б., Горлачева Е.П., Матафонов П.В. Виды-вселенцы озера Кенон (Забайкальский край) // Российский журнал биологических инвазий. № 3. 2012. С.20-27.

5. Барков Д. В. Экология и биология байкальского вселенца *Gmelinoides fasciatus* (Stebbing, 1899) и его роль в экосистеме Ладожского озера: Автореф. дис. канд. биол. наук.: 03.00.16 СПб, 2006. 26 с.

6. Барков Д.В., Курашов Е.А. Особенности экологии и биологии байкальской амфиподы *Gmelinoides fasciatus* (Stebbing, 1899) в Ладожском озере / Литоральная зона Ладожского озера. Под ред. Е.А. Курашова. Спб.: Нестор-История. 2011. С.294-350.

7. Бекман М.Ю. Экология и продукция *Micruropus possolsii* Sow. и *Gmelinoides fasciatus* Stebb. // Труды Лимнологического института Сибирского отделения АН СССР. Том 2 , Ч.1. 1962. С. 141-155.

8. Белкина Н. А. Химический состав донных отложений // Состояние водных объектов Республики Карелия. По результатам мониторинга 1998–2006 гг. Петрозаводск: Карельский НЦ РАН, 2007. С 40–49.

9. Березина Н.А. Петряшев В.В., Шаров А.Н. Значение чужеродных видов высших ракообразных в континентальных водоемах Северо-запада России // Сборник лекций и докладов международной школы-конференции. Ин-т биологии внутр. Вод им. И.Д. Папанина РАН, Борок, 5-9 ноября 2012 г. – Кострома: ООО Костромской печатный дом, 2012. С.137-140.

10. Березина Н.А. Причины, особенности и последствия распространения чужеродных видов амфипод в водных экосистемах Европы. В кн. Биологические инвазии в водных и наземных экосистемах. М.: Товарищество научных изданий КМК, 2004. С. 254-268.

11. Березина Н.А. Разнообразие зообентоса и роль видов-вселенцев в прибрежных сообществах Финского залива Балтийского моря // Х Съезд Гидробиологического общества при РАН. Тезисы докладов (г. Владивосток, 28 сентября-2 октября 2009 г._Владивосток: Дальнаука, 2009. С. 41.

12. Березина Н.А. Сезонная динамика структуры и плодовитость популяции байкальского бокоплава (*Gmelinoides fasciatus*, Ampipoda, Crustacea) в зарослевой зоне Невской губы // Зоологический журнал, 2005. Том 84, №4, С. 411-419.

13. Березина Н.А., Панов В.Е. Вселение байкальской амфиподы *Gmelinoides fasciatus* (Amphipoda, Crustacea) в Онежское озеро // Зоол. журн. Т. 82, № 6, 2003. С. 731-734.

14. Березина Н.А., Хлебович В. В., Панов В. Е., Запорожец Н. В. 2001. Соленостная резистентность интродуцированной в бассейн Финского залива (Балтийское море) амфиподы *Gmelinoides fasciatus* (Stebb). Доклады Академии Наук. 379 (3): 414-416.

15. Бискэ Г.С., Лак Г.Ц., Лукашов А.Д., Горюнова Н.Н., Ильин В.А. Геолого-морфологическое строение побережья Онежского озера // Предварительные результаты работ комплексной экспедиции по исследованию Онежского озера. Вып. 3. Карельское книжное издательство. Петрозаводск. 1969. С.11-14.

16. Бородич Н.Д. Байкальский бокоплав *Gmelinoides fasciatus* (Stebbing) (Amphipoda, Gammaridea) в Куйбышевском водохранилище // Зоол. журнал. 1979. Т.58. № 6. С. 920-921.

17. Визер А.М. Акклиматизация байкальских гаммарид и дальневосточных мизид в Новосибирском водохранилище: Автореф. дис. канд. биол. наук. Томск, 2006. 22 с.

18. Визер А.М. Вселение байкальских амфипод (*Gmelinoides fasciatus* и *Miruropus possolsky* Sow.) и дальневосточной мизиды (*Neomisis ntermedia* Czern.) в Новосибирское водохранилище // Чужеродные виды в Голарктике (БОРОК-2). Тез. док. Второго международного Симпозиума по изучению инвазийных видов. Борок, Россия 27сентября-10 сктября 2005 г. Рыбинск-Борок. 2005. С.71-73.

19. Гиляров А.М. Динамика численности пресноводных планктонных ракообразных. М. 1987. 189 с.

20. Горлачева Е.П. Роль чужеродного вида *Gmelinoides fasciatus* в питании окуня *Perca fluviatilis Linnaeus,* 1758 озера Арахлей // Ученые записки ЗабГГПУ. 2011. № 1 (36). С. 162-165.

21. Горностаев Г.Н. Определитель отрядов и семейств насекомых фауны России. М.: ИК Логос. 1999. 159 с.

22. Горностаев Г.Н. Левушкин С.И. Определитель пресноводных насекомых средней полосы европейской части России. М.: Изд-во МГУ, 1973. 186 с.

23. Дгебуадзе Ю.Ю. Проблемы инвазий чужеродных организмов // Экологическая безопасность и инвазии чужеродных организмов. Сборник материалов Круглого стола Всероссийской конференции по экологической безопасности России (4-5 июня 2002 г.). М.: ИПЭЭ им. А.Н. Северцева, IUCN (МСОП), 2002. С. 11-14.

24. Дёмин А.И. Структура ихтиценоза и некоторые экологические данные промысловых рыб прибрежной зоны южной части Селвгинского мелководья озера Байкал // Вестник Иркутской государственной сельскохозяйственной академии. № 4. 1997. С. 37-41.

25. Ербаева Э.А., Сафронов Г.П. Зообентос заливов верхнего участка Братского водохранилища // Бюллетень ВСНЦ СО РАМН. Динамика экосистем Верхнего Приангарья. 2006. №2 (48). С. 37-44.

26. Жмур Н. С. Методика определения токсичности воды и водных вытяжек из почв, осадков сточных вод, отходов по смертности и изменению плодовитости цериодафний. – М.: Акварос. 2001. 52 с.

27. Зинченко Т.Д., Головатюк Л.В., Загорская Е.П., Антонов П.И. Распределение инвазионных видов в составе донных сообществ Куйбышевского водохранилища: анализ многолетних исследований // Известия Самарского научного центра Российской академии наук. Т. 10. №2, 2008. С. 547-558.

28. Иванов В.К. Структура и взаимодействие в сообществе макробеспозвоночных прибрежья Рыбинского водохранилища при доминировании *Gmelinoides fasciatus* (Stebbing) // Чужеродные виды в Голарктике (БОРОК-2). Тез. док. Второго международного Симпозиума по изучению инвазийных видов. Борок, Россия 27сентября-10 октября 2005 г. Рыбинск-Борок. 2005. С. 81-82.

29. Ивантер Э. В., Коросов А. В. Элементарная биометрия. Петрозаводск, 2010. 104 с.

30.   Ивантер Э. В., Коросов А.В. Введение в количественную биологию. Учеб. Пособие / Петр ГУ – Петрозаводск, 2003. 304 с.

31.   Ивантер Э.В., Коросов А.В. Введение в количественную биологию. Учеб. Пособие / Петр ГУ – Петрозаводск, 2011. 302 с.

32.   Ивичева К. Н., Филоненко И.В. Состояние бентосных сообществ реки Шексны // Успехи современного естествознания. – 2011. – № 7 – С. 25-26.

33.   Ивичева К.Ф. О находке амфиподы *Gmelinoides fasciatus* (Stebb) в озере Воже // Актуальные проблемы гидробиологии и ихтиологии: сборник трудов Международной Интернет-конференции. Казань, 06 декабря 2011 г./Отв. Редактор Е.Д. Изотова; Казанский (Приволжский) федеральный университет. – Казань: издательство "Казанский университет", 2012. С.28-30.

34.   Ильмаст Н.В., Кучко Я. А. Байкальский бокоплав (*Gmelinoides fasciatus)* как кормовой объект рыб литоральной зоны Онежского озера // Вопросы рыболовства. – 2012 – Т. 13, №1 (49). – С. 35-40.

35.   Иоффе Ц.И. Обзор выполненных работ по акклиматизации кормовых беспозвоночных для рыб в водохранилищах // Изв. ГосНИОРХ. 1968. Т.67. С.7-29.

36.   Иоффе Ц.И. Способы перевозки пресноводных беспозвоночных // Методы перевозки водных беспозвоночных и личинок рыб в целях их акклиматизации. 1960. М. С.25-34.

37.   Июдина Е. Ф. К биологии молоди окуня (*Perca fluviatilis* L.) Онежского озера // Карело-Финского отделения ВНИОРХ. 1951. Т. III. С.169-180.

38.   Калинкина Н.М., Сярки М.Т., Теканова Е.В., Чекрыжева Т.А., Тимакова Т.М., Полякова Т.Н., Рябинкин А.В.. Особенности формирования кормовой базы рыб Онежского озера // Биологические ресурсы Белого моря и внутренних водоемов Европейского Севера Материалы XXVIII

Международной конференции 5–8 октября 2009 г. Петрозаводск: КарНЦ РАН, 2009. С. 252–256.

39. Калинкина Н.М., Сярки М.Т., Федорова А.С. Динамика популяционных показателей инвазионного вида *Gmelinoides fasciatus* (Stebbing) в Петрозаводской губе Онежского озера // Северная Европа в XXI веке: природа, культура, экономика. Мат. междун. конф., посвящ. 60-летию КарНЦ РАН (24-27 окт. 2006 г.). Петрозаводск. 2006. С. 269-271.

40. Калинкина Н.М., Тимакова Т.М., Куликова Т.П., Чекрыжева Т.А., Рябинкин А.В., Сярки М.Т., Теканова Е.В., Полякова Т.Н.. Гидроэкологические исследования ИВПС на водоемах Карелии // Водные ресурсы Европейского Севера России: итоги и перспективы исследований. Материалы юбилейной конференции, посвященной 15-летию ИВПС. Петрозаводск: КарНЦ РАН, 2006. С. 273-294.

41. Калматынов Р.М., Томилов А.А. Динамика популяции *Gmelinoides fasciatus* (Stebbing, 1899) (Crustacea, Amphipoda) в Братском водохранилище // Природные ресурсы Забайкалья и проблемы природопользования. Материалы научной конференции 10-15 сентября 2001 г. Чита. 2001. С. 490-491.

42. Кауфман З.С. Некоторые вопросы формирования фауны Онежского и Ладожского озер (краткий обзор) // Труды КарНЦ РАН. № 4. Водные проблемы Севера и пути их решения. Петрозаводск: КарНЦ РАН, 2011. С.64-76.

43. Кириллова В.А. Морфометрическая характеристика литоральной зоны Онежского озера // Литоральная зона Онежского озера. Издательство «Наука». Ленинградское отд. Л. 1975. С. 15-21.

44. Кияшко В.И., Халько Н.А., Халько В.В. Изменчивость спектров питания бычка-цуцика (Perciformes, Gobiidae) – нового вида в Рыбинском водохранилище // Вопросы ихтиологии. 2010. Том 50, № 6, С.821-827.

45. Корнюшин А.В. Двустворчатые моллюски надсемейства Pisidioidea Палеарктики. (Фауна, систематика, филогения). Киев, 1996. – 175 с.

46. Коросов А. В., Горбач В.В. Компьютерная обработка биологических данных. Методическое пособие. Петрозаводск. Издательство ПетрГУ. 2007. 74 с.

47. Кравцова Л.С., Карабанов Е.Б., Камалтынов Р.М., Механикова И.В, Ситникова Т.Я., Рожкова Н.А., Слугина З.В., Ижболдина Л.А., Вейнберг И.В., Акиншина Г.В., Кривоногов С.К., Щербаков Д.Ю. Макрозообентос субаквальных ландшафтов мелководной зоны южного Байкала. 1.Локальное разнообразие донного населения и особенности его пространственного распределения // Зоологический журнал, 2003, том 82, №3, С. 307-317.

48. Курашов Е.А. Литоральная зона Ладожского озера: ее значение и пути трансформации // Озерные экосистемы: биологические процессы, антропогенная трансформация, качество воды: материалы III Междунар. Науч. Конф., 17-22 сент. 2007 г., Минск – Нарочь / Белорусский государственный университет; сост. И общ. Ред. Т.М. Михеевой. Минск: Изд. Центр БГУ. 2007. С. 25-26.

49. Курашов Е.А., Барбашова М.А., Барков Д.В., Русанов А.Г., Лаврова С.М. Инвазивные амфиподы как фактор трансформации экосистемы Ладожского озера // Российский журнал биологических инвазий. 2012. № 2. С. 87-104.

50. Курашов Е.А., Барбашова М.А., Панов В.Е. Вселение в ладожское озеро понто-каспийских инвазивных амфипод *Pontogammarus robustoides* G.O. Sars, 1894 и *Chelicorophium curvispinum* (G.O. Sars, 1895) (Crustacea: Amphpoda). В кн. Литоральная зона Ладожского озера. 2011. С. 284-294.

51. Кухарев В.И., Полякова Т.Н., Рябинкин А.В. Распространение байкальской амфиподы *Gmelinoides fasciatus (Ampipoda, Crustacea)* в Онежском озере // Зоологический журнал. том 87, № 10. 2008. С. 1270-1273.

52. Лукин А.А., Горбачев С.А. Физико-географическая характеристика озера и его водосборного бассейна. В кн. Биоресурсы Онежского озера. Петрозаводск. Карельский научный центр РАН. 2008. С. 12-16.

53. Малинина Т.И., Солнцева Н.О. Сейши Онежского озера. – В кн. : Динамика водных масс Онежского озера. Л., 1972. С. 40-73.

54. Матафонов Д.В. Сравнительная экология бокоплавов: *Gmelinoides fasciatus (Stebbing,1899)* и *Gammarus lacustris (Sars,1863)* в Ивано-Арахлейских озерах // Автореф. Дисс... канд. Биол. Наук. Улан-Удэ. 2003. 20с.

55. Матафонов Д.В., Итигилова М.Ц., Камалтынов Р.М., Фалейчик Л.М. Байкальский эндемик *Gmelinoides fasciatus* (Micruropodidae, Gammaridae, Amphipoda) в озере Арахлей // Зоологический журнал, 2005, том 84, №3. С. 321-329.

56. Методические рекомендации по сбору и обработке материалов при ведении мониторинга биологического загрязнения на Финском заливе. Под ред.А.Ф. Алимова, Т.М. Флоринской. Санкт-Петербург, 2005. 68 с.

57. Методические рекомендации по сбору и обработке материалов при гидробиологических исследованиях на пресноводных водоемах. Зообентос и его продукция. Л.: ГосНИОРХ. 1984. 52 с.

58. Мирам Э. Определитель отрядов взрослых насекомых и их личинок. Ленинград. Изд-во Академии наук СССР. 1988 . 70 с.

59. Нилова О.И. Некоторые черты экологии и биологии *Gmelinoides fasciatus Stebb.*, акклиматизированных в озере отрадное Ленинградской области // Изв. Гос. научн.-исслед. ин-та озёрн. и речн. хоз-ва. 1976. Т. 110. С. 10-15.

60. Онежское озеро. Атлас / Отв. ред. Н.Н. Филатов. Петрозаводск: Карельский научный центр РАН, 2010. 151 с.

61. Онежское озеро. Экологические проблемы. / Отв. ред. Н.Н. Филатов. Петрозаводск: КарНЦ РАН, 1999. 293 с.

62. Определитель пресноводных беспозвоночных Европейской части СССР (планктон и бентос). Кутикова Л.А., Старобогатов Я.И. (ред.). Ленинград. Гидрометеоиздат. 1977. 512 с.

63. Определитель пресноводных беспозвоночных России и сопредельных территорий. Т.5. Высшие насекомые. Под общ. Ред. С.Я. Цалолихина. – СПб.: Наука, 2001. – 825 с.

64. Определитель пресноводных беспозвоночных России и сопредельных территорий Под ред. С.Я. Цалолихина. – СПб.: Наука, 1995. 630 с.

65. Панов В.Е. Байкальская эндемичная амфипода *Gmelinoides fasciatus Stebb.* в Ладожском озере // Доклады Академии Наук, 1994, том 336, №2, С. 279-282.

66. Панов В.Е., Павлов А.М. Методика количественного учета водных беспозвоночных в зарослях камыша и тростника // Гидробиологический журнал. 1986. Т. 22. № 6. С. 87-88.

67. Полякова Т.Н. Биологическое» загрязнение водных экосистем // Водная среда: комплексный подход к изучению, охране и использованию. Петрозаводск: КарНЦ РАН, 2008. С. 26-31.

68. Попова А.Н. Личинки стрекоз. Изд-во Академии наук СССР: М. 1953. 235 с.

69. Правдин И.Ф. Руководство по изучению рыб. М.: Пищевая промышленность, 1966. 376 с.

70. Примаков И.П., Бергер В.Я. Продукция планктонных ракообразных в Белом море // Биология моря. 2007, Т. 33, №5, С. 356-360.

71. Руководство по изучению питания рыб в естественных условиях. Под ред. Е.Н. Павловского. Издательство Академии наук СССР. М. 1961. 265с.

72. Рябинкин А.В., Полякова Т.Н. Макрозообентос озера и его роль в питании рыб. // Биоресурсы Онежского озера. Петрозаводск: Карельский научный центр РАН, 2008. С.67-91.

73. Сабылина А.В., Дубровина Л.В. Онежское озеро и его притоки. Химический состав воды озера // Состояние водных объектов Республики Карелия по результатам мониторинга 1998-2006 гг. Петрозаводск, 2007. С. 17-19.

74. Сабылина А.В., Рыжаков А.В. Онежское озеро и его притоки. Общая характеристика // Состояние водных объектов Республики Карелия по результатам мониторинга 1998-2006 гг. Петрозаводск, 2007. С. 29-40.

75. Савосин Е. С.. Современное состояние макрозообентоса Кефтень-губы Онежского озера // Тез. докл. X съезда Гидробиологического об-ва РАН. Владивосток. 2009. С. 348.

76. Савосин Е.С. Макрозообентос и его динамика при выращивании товарной форели в Карелии. Автореферат на соиск. уч. ст. канд. биол. наук. Петрозаводск, 2010. 21 с.

77. Сидорова А.И. Структурно-функциональные характеристики популяции байкальского вселенца *Gmelinoides fasciatus* Stebbing (Crustacea: Amphipoda) на северной границе ареала (Онежское озеро. Автореферат на соискания ученой степени кандидата биологических наук. Петрозаводск. Петрозаводский госуниверситет. 2013. 24 с.

78. Скальская И. А. Расселение байкальского бокоплава *Gmelinoides fasciatus* (Stebbing) в Рыбинском водохранилище // Биология внутренних вод. Информационный бюллетень №96. СПб. Наука. 1994. С. 35-40.

79. Слепухина Т.Д., Барбашова М.А., Расплетина Г.Ф. Многолетние сукцессии и флуктуации макрозообентоса в различных зонах Ладожского озера / Ладожское озеро. Мониторинг, исследование современного состояния и проблемы управления Ладожским озером и другими большими озерами. Петрозаводск: Карельский научный центр РАН, 2000. С.249-255.

80. Современное состояние водных объектов Республики Карелия. По результатам мониторинга 1992-1997 гг. Петрозаводск: Карельский научный центр РАН, 1998. 188 с.

81. Строганов Н. С. Методика определения токсичности водной среды // Методики биологических исследований по водной токсикологии. Наука, 1971. С. 14-60.

82. Сущеня Л.М., Семенченко В.П., Семенюк Г.А., Трубецкова И.Л. Продукция планктонных ракообразных и факторы среды. Мн.: Навука i тэхніка, Минск. 1990. 157 с.

83. Тахтеев В.В., Плешанов А.С., Егорова И.Н., Судакова Е.А., Окунева Г.Л., Помазкова Г.И., Ситникова Т.Я., Кравцова Л.С., Рожкова Н.А., Галимзянова А.В. Основные особенности и формирование водной и наземной биоты термальных и минеральных источников Байкальского региона // Известия Иркутского государственного университета. Серия «Биология. Экология». 2010. Т.3. № 1. С. 33-37.

84. Тимакова Т.М., Сабылина А.В., Полякова Т.Н., Сярки М.Т., Теканова Е.В., Чекрыжева Т.А.. Современное состояние экосистемы Онежского озера и тенденции ее изменения за последние десятилетия // Труды КарНЦ РАН. № 4. Водные проблемы Севера и пути их решения. Петрозаводск: КарНЦ РАН, 2011. С. 42-59.

85. Фауна СССР. Насекомые жесткокрылые. Т. IV. Плавунцовые и вертячки. Изд-во Академии наук СССР. М Ленинград. 1953. 377 с.

86. Фауна СССР. Паукообразные. Т.V, вып. 2. Hydracarina – водяные клещи. Изд-во Академии наук СССР. М. Ленинград. 1940. 510 с.

87. Хейсин Е.М. Краткий определитель пресноводной фауны. Изд.2.М.: 1962. 158 с.

88. Чертопруд М.В. Фауна бокоплавов (Crustacea, Amphipoda) Московской области // Биология внутренних вод, 2006, №4. С.17-21.

89. Чертопруд М.В., Чертопруд Е.С. Краткий определитель беспозвоночных пресных вод центра Европейской России. М.: Товарищество научных изданий КМК, 2010. 179 с.

90. Швец Л.Д. Гидрологическая изученность Онежского озера и его бассейна // Исследования режима и расчеты водного баланса озер-водохранилищ Карелии. Л., 1977. Вып. 2. С. 3-24.

91. Щербина Г.Х. Изменение видового состава и структурно-функциональных характеристик макрозообентоса водных экосистем Северо-запада России под влиянием природных и антропогенных факторов. Автореферат на соиск. уч. ст. доктора биол. Наук. Санкт-Петербург. 2009. 49с.

92. Яковлева А.В., Яковлев В.А., Сабиров Р.М. Бентосные вселенцы и их распространение в верхней части Куйбышевского водохранилища // Ученые записки казанского государственного университета. Том 151, кн. 2. Естественные науки. Биоинвазии. 2009.С. 231-243.

93. Яныгина Л.В. Оценка экологического состояния Новосибирского водохранилища по зообентосу // Мир науки, культуры, образовании. № 6 (25). 2010. С. 302-305.

94. Berezina N. A., Panov V. E. Establishment of new gammarid species in the eastern Gulf of Finland (Baltic Sea) and their effects on littoral communities. Proc. Estonian Acad. Sci. Biol. Ecol. 2003. 52 (3). P. 284-304.

95.   Berezina N. A., Panov V.E. Changes in the Neva Estuary littoral communities as a result of establishment of new gammarid species // The Gulf of Finland Symposium, 28-30 October. 2002. P. 7.

96.   Berezina N. A., Strelnikova A.P. The role of the introduced amphipod *Gmelinoides fasciatus* and native amphipods as fish food in two large-scale north-western Russian inland water bodies: Lake Ladoga and Rybinsk Reservoir // J. Applied Ichthyology. 2010. 26. P. 89–95.

97.   Berezina N.A. Changes in aquatic ecosystems of the north-western Russia after introduction of Baikalian amphipod *Gmelinoides fasciatus*. In: Gherardi F. (ed.), Biological invaders in inland waters: profiles, distribution, and threats, Springer, Dordrecht, the Netherlands, 2007. P. 479-493

98.   Berezina, N. A., Golubkov S. M., Gubelit J. I. Grazing effects of alien amphipods on macroalgae in the littoral zone of the Neva Estuary (eastern Gulf of Finland, Baltic Sea). Oceanological and Hydrobiological studies. 2005. 34. P. 63–82.

99.   Bolotova N.L., Maksutova N. K. The development of shallow lakes in different landscapes of Vologda Region (Noth-Wethern Russia) // The 12th World Lake Conference. 2008. P. 1388-1396.

100.   Kiyashko V. I., Khal'ko N. A., Khal'ko V. V. Variation of Food Spectra of Tube_Nosed Goby *Proterorhinus marmoratus* (Perciformes, Gobiidae)—a New Species in the Rybinsk Reservoir // Journal of Ichthyology, 2010, Vol. 50, No. 9, P. 788–794.

101.   McNickle G. G., Rennie M. D., Sprules W. G. // Changes in Benthic Invertebrate Communities of South Bay,Lake Huron Following Invasion by Zebra Mussels (*Dreissena polymorpha*), and Potential Effects on Lake Whitefish (*Coregonus clupeaformis*) Diet and Growth // J. Great Lakes Res. 2006. V. 32. P.180–193

102. Orlova M. I., Telesh I. V., Berezina N. A. , Antsulevich A. E., Maximov A. A., Litvinchuk L. F. Effects of nonindigenous species on diversity and community functioning in the eastern Gulf of Finland (Baltic Sea) // Helgoland Marine Research. 2006. V. 2. P. 98–105.

103. Panov V. E. Establishment of the Baikalian endemic amphipod *Gmelinoides fasciatus* in Lake Ladoga. Hydrobiologia. 1996. 322. P. 187-192.

104. Panov V.E., Alexandrov B., Arbačiauskas K., Binimelis R., Copp G.H., Grabowski M., Lucy F., Leuven R.S.E.W., Nehring S., Paunović M., Semenchenko V., and Son M.O. Risk Assessment of Aquatic Invasive Species Introductions via European Inland Waterways. In Josef Settele, Lyubomir Penev, Teodor Georgiev, Ralf Grabaum, Vesna Grobelnik, Volker Hammen, Stefan Klotz, Mladen Kotarac & Ingolf Kuhn (Eds) 2010. Atlas of Biodiversity Risk. Pensoft. Sofia. 2010. P. 140-143

105. Panov V.E., Alimov A. F., Golubkov S. M., Orlova M.I. and Telesh I.V. Environmental problems and challenges for the coastal zone management in the Neva estuary (eastern Gulf of Finland). In: G. Schernewski & U. Schiewer (eds.): Baltic Coastal Ecosystems: Structure, Function and Coastal Zone Management. CEEDES-Series, Springer Publ., Berlin. 2002. P. 171-184.

106. Panov V.E., Berezina N.A. Invasion history, biology and impacts of the Baikalian amphipod *Gmelinoides fasciatus* (Stebb.)/ Invasive Aquatic Species of Europe. Eds.: Leppäkoski E., Olenin S., Gollasch S. Dordrecht: Kluwer Publisher, 2002. P. 96-103.

107. Panov V.E., Bychenkov D.E., Berezina N.A.and Maximov A.A. Alien species introductions in the eastern Gulf of Finland: current state and possible management options. Proc. Estonian Acad. Sci. Biol. Ecol. 2003. 52 (3). P. 254-267.

108. Panov V.E., Timm T. and Timm H. Current status of an introduced Baikalian amphipod *Gmelinoides fasciatus* Stebbing, in the littoral communities of

Lake Peipsi. Proceedings of Estonian Academy of Sciences, Biology, Ecology. 2000. 49. P. 71-80.

109.   Pisarsky B.I., Hardina A.M., Naganawa H. Ecosystem evolution of Lake Gusinoe (Transbaikal region, Russia) // Limnology. 2005. 6. P.173–182.

110.   Pockl M. Reproductive potential and lifetime potential fecundity of the freshwater amphipods *Gammarus fossarum* and *G. roeseli* in Austrian streams and rivers // Freshwater Biology. 1993. 30. P. 73-91.

111.   Protopopova M.V. Takhteev V.V., Shatilina Zh.M., Pavlichenko V.V., Axenov-Gribanov D.V., Beculina D.S., Timofeyev M.A. Small HSPs molecular weights as new indication to the hypothesis of segregated status of thermophilic relict *Gmelinoides fasciatus* among Baikal and Palearctic amphipods. Journal of Stress Physiology & Biochemistry, 2011. Vol. 7, No. 2. P. 175- 182.

112.   Schletterer M., Kuzovlev V.V. Documentation of the presence of *Gmelinoides fasciatus* (Stebbing, 1899) and the native benthic fauna in the Volga River at Tver (Tver Region. Russia) // Aquatic Insects: International Journal of Freshwater Entomology. 2012. Vol. 34. Supplement 1. P. 139-155.

113.   Shatilina Z.M., Riss H.W., Protopopova M.V., Trippe M., Meyer E.I., Pavlichenko V.V., Bedulina D.S., Axenov-Gribanov D.V., Timofeyev M.A.. The role of the heat shock proteins (HSP70 and sHSP) for the thermotolerance of freshwater amphipods from contrasting habitats. Journal of thermal biology, 2011, V. 36, I. 2. P. 142 – 149.

114.   Stewarta Th. J., Sprulesb W. G. Carbon-based balanced trophic structure and flows in the offshore Lake Ontario food web before (1987–1991) and after (2001–2005) invasion-induced ecosystem change // Ecological Modelling. 2011. V. 222. P. 692–708

115.   Timm T. Kangur Kiilli, Timm Henn, Timm Viivi. Macrozoobenthos of Lake Peipsi-Pihkva : long-term biomass changes // Hydrobiologia. 1996. 338. P. 155-162.

116.   Timm, V., Timm T., The recent appearance of a Baikalian crustacean *Gmelinoides fasciatus* (Stebbing, 1899) (Amphipoda, Gammaridae) in Lake Peipsi . Proc. Estonian Acad. Sci . Biol. 1993. 42. P. 144-153.

117.   Timoshkin O.A. Lake Baikal: diversity of fauna, problems of its immiscibility and origin, ecology and "exotic" communities // Index of animal species inhabiting lake Baikal and its catchment area. In 2 volumes VOL. I. Lake Baikal. Novosibirsk. "Nauka" 2001. P. 74-116.

118.   Walther G.R., Roques A., Hulme P.E., Sykes M.T., Pyšek P., Kühn I., Zobel M., Bacher S., Botta-Dukát Z., Bugmann H., Czúcz B., Dauber J., Hickler T., Jarošík V., Kenis M., Klotz S., Minchin D., Moora M., Nentwig W., Ott J., Panov V.E., Reineking B., Robinet C., Semenchenko V., Solarz W., Thuiller W., Vilà M., Vohland K., Settele J. Alien species in a warmer world – risks and opportunities. Trends in Ecology and Evolution. 2009. 24. P. 686-693.

Printed by Books on Demand GmbH, Norderstedt / Germany